U0919877

电网拆除工程预算定额（2015年版）使用指南

电力工程造价与定额管理总站 编

中国电力出版社
CHINA ELECTRIC POWER PRESS

图书在版编目（CIP）数据

电网拆除工程预算定额（2015 年版）使用指南 / 电力工程造价与定额管理总站编. —北京：中国电力出版社，2018.4

ISBN 978-7-5198-1488-5

Ⅰ. ①电… Ⅱ. ①电… Ⅲ. ①电网－拆除－预算定额－中国－指南 Ⅳ. ①F426.61-62

中国版本图书馆 CIP 数据核字（2017）第 298844 号

出版发行：中国电力出版社
地　　址：北京市东城区北京站西街 19 号（邮政编码 100005）
网　　址：http://www.cepp.sgcc.com.cn
责任编辑：肖　敏（xiao-min@sgcc.com.cn）　李文娟
责任校对：朱丽芳
装帧设计：张俊霞　赵姗姗
责任印制：邹树群

印　　刷：北京雁林吉兆印刷有限公司
版　　次：2018 年 4 月第一版
印　　次：2018 年 4 月北京第一次印刷
开　　本：850 毫米×1188 毫米　32 开本
印　　张：3.5
字　　数：78 千字
印　　数：0001—5000 册
定　　价：35.00 元

版权专有　侵权必究
本书如有印装质量问题，我社发行部负责退换

电力工程造价与定额管理总站
关于印发 2015 年版《电网技术改造工程和检修工程定额及费用计算规定使用指南》的通知

定额〔2018〕4 号

各有关单位:

为了更好地指导 2015 年版电网技术改造工程和检修工程定额及费用计算规定在实际工程的应用，合理确定工程造价，提高工作效率，公正维护工程建设各方的合法权益，电力工程造价与定额管理总站组织编写了 2015 年版《电网技术改造工程和检修工程定额及费用计算规定使用指南》(以下统称使用指南)。该套使用指南包括《电网技术改造工程预算编制与计算规定使用指南》《电网技术改造工程概算定额使用指南》《电网技术改造工程预算定额使用指南》《电网拆除工程预算定额使用指南》《电网检修工程预算编制与计算规定使用指南》和《电网检修工程预算定额使用指南》，现予以印发。

本套使用指南由电力工程造价与定额管理总站负责解释，在工程应用中如发现问题或不当之处，请与我站联系(www.cecm.net.cn)。

本套使用指南由中国电力出版社出版发行。

附件：1.《电网技术改造工程预算编制与计算规定使用指南》（另发）

2.《电网技术改造工程概算定额使用指南》（另发）

3.《电网技术改造工程预算定额使用指南》（另发）

4.《电网拆除工程预算定额使用指南》（另发）

5.《电网检修工程预算编制与计算规定使用指南》（另发）

6.《电网检修工程预算定额使用指南》（另发）

电力工程造价与定额管理总站

2018 年 1 月 10 日

前　　言

2015年7月，国家能源局以国能电力〔2015〕270号文批准颁布了《电网技术改造工程定额及费用计算规定》(2015年版）和《电网检修工程定额及费用计算规定》(2015年版)。为了使电力技经人员更好地了解上述定额的编制背景、内容构成和工程量计算规则，准确理解定额的使用方法，合理确定工程造价，电力工程造价与定额管理总站组织编写了2015年版《电网技术改造工程和检修工程定额及费用计算规定使用指南》。该套使用指南包括《电网技术改造工程预算编制与计算规定使用指南》《电网检修工程预算编制与计算规定使用指南》(简称《预规使用指南》),《电网技术改造工程概算定额使用指南》《电网技术改造工程预算定额使用指南》《电网拆除工程预算定额使用指南》《电网检修工程预算定额使用指南》(简称《定额使用指南》)。

《定额使用指南》针对2015年版《电网技术改造工程和检修工程定额》和《电网技术改造工程和检修工程定额营改增估价表》进行编制，内容涵盖电网技术改造和检修项目中的建筑修缮工程、电气工程、输电线路工程、调试工程、通信工程。《定额使用指南》详细介绍了定额的编制内容、编制依据、编制原则、使用范围、涵盖内容等，主要内容包括前言、册说明和各章内容。《定额使用指南》根据具体定额的章节设置情况，就定额每章的主要内容、与老版定额的主要变化、定额子目工作内容、计量单位、计算规则、使用调整原则等做了详细说明。另外，为便于使用者更好地了解和应用定额，增加相关案例供大家参考。

在本套使用指南编写过程中，先后以多种形式进行了广泛的意见征求，认真听取和采纳了多方意见和建议，为使用指南的顺利完成打下了坚实基础。在此，谨对为本书编写工作付出辛勤努力和给予无私帮助的单位及个人表示由衷的谢意。同时，由于受时间和能力所限，对本使用指南中存在的疏漏和不当之处，敬请批评指正。

本套使用指南由电力工程造价与定额管理总站负责解释。

2018 年 1 月

总 说 明

一、《电网拆除工程预算定额》（2015年版）共3册，包括：第一册 电气工程、第二册 输电线路工程、第三册 通信工程。

二、本套定额适用于1000kV及以下变电（串联补偿）工程、±800kV及以下换流工程、1000kV及以下输配电线路工程的拆除工程。

三、本套定额是编制工程概预算的依据，也是编制最高招标限价、投标报价和工程结算的基础依据。

四、本套定额是按电网拆除工程合理的施工组织设计、施工机械配备以及合理的工期、正常的地理气候条件下制定的。定额中的人工、材料、施工机械台班消耗量反映了电网拆除工程施工技术水平和组织水平，除各章节另有具体说明外，均不得因实际施工组织、施工方法、劳动力组织与水平、材料消耗种类与数量、施工机械规格与配置等的差异而对定额进行调整或换算。

目　　录

第一册　电气工程

第二册　输电线路工程

第三册　通信工程

第一册 电气工程

册 说 明

一、2015年版拆除架空线路预算定额的相关术语

（1）拆除工程。本定额所指的拆除工程是指为了技术升级或设备更新改造而对变电站（串联补偿站）、配电所、开闭所、换流站等场所内原有的电气及相关设施进行拆除的工程。拆除工程分为保护性拆除与破坏性拆除。拆除工程不同于余物清理，余物清理是指为满足工程建设需要，对所征用土地范围内遗留的建筑物、构筑物等有碍工程建设的设施进行清理的工作。

（2）保护性拆除。本定额所指的保护性拆除为了使拆除后的设施可重复使用或利用，而在拆除中对设施采取一定保护措施的拆除工程。

（3）破坏性拆除。本定额所指的破坏性拆除指拆除后的材料、设备不能重复使用或利用而作为废品处理的拆除工程。

二、2015年版拆除架空线路预算定额的适用范围

本册定额针对1000kV及以下变电（串联补偿）工程、±800kV及以下换流工程的电气拆除工程特有内容进行编制，适用于1000kV及以下变（配）电站、±800kV及以下换流站电气设备的拆除，本册定额所指电压等级为设备的电压等级。本定额主要适用于技术改造工程的电气拆除工程，基建工程的设备拆除可参照执行。

检修工程中发生的部件元件等设施拆装，应执行检修定额，只有对于整体设备等的拆除工作且检修工程无相应定额时，方执行本定额。

三、2015年版拆除架空线路预算定额的编制依据

本定额编制依据包括国家和有关部门颁发的现行有关电力工程建设的技术规程、规范及施工质量验评标准，主要包括：

（1）GB50257—1996 电气装置安装工程爆炸和火灾危险环境电气装置施工及验收规范

（2）DL5009.1—2002 电力建设安全工作规程

（3）电力建设工程工期定额（2012 年版）

四、2015 年版拆除架空线路预算定额的编制原则

本定额是按电网拆除工程合理的施工组织设计、施工机械配备以及合理的工期、正常的地理气候条件下制订的。

定额中的人工、材料、施工机械台班消耗量反映了电气拆除工程施工技术水平和组织水平，除各章节另有具体说明外，均不得因实际施工组织、操作方法等的差异而对定额进行调整或换算。

1．人工

（1）本定额中普通工单价为 37 元/工日，安装技术工单价为 57 元/工日。

（2）本定额工日消耗量中已包括安全监护用工，以及因施工场地狭小、邻近设备带电而引起的人工降效。

（3）本定额工日消耗量中一般不包括行走机械、吊装机械等机械的操作人工，仅包括其他小型施工机械的操作人工消耗。

2．材料

（1）本定额中的计价材料用量包括合理的施工用量和施工损耗以及场内运输损耗。

3．机械

（1）本机械台班用量包括了因施工场地狭小、邻近设备带电而引起的机械降效。

五、2015 年版拆除架空线路预算定额的主要内容

本定额中考虑的工作内容包括有：

（1）包括进场及开工前的准备，场地清理，工作票、措施票的开具；

（2）拆除设备及其附件的包装；

（3）拆除设备的站内运输及堆放；

（4）完工后的现场清理。

六、2015年版拆除架空线路预算的未包括内容

本定额未考虑的工作内容主要有：

（1）拆除设备的站外运输；

（2）拆除设备的修复；

（3）为了保证安全生产和符合环保要求而采取措施所发生的费用。

七、2015年版拆除架空线路预算的其他说明

（1）在编制预算文件时，人工费应根据电力工程造价与定额管理总站发布的调整文件进行调整。由于人工消耗量及单价的组成、测定原则的不同，各地方、各部门的人工费调整文件一律不作为电力行业定额人工费调整的标准。

（2）在编制预算文件时，定额材料费、机械费应根据电力工程造价与定额管理总站发布的调整文件进行调整。

（3）工程量计算应以拆除工程的现场实际工程量，并结合设计图纸文件、施工方案，以及有关的规程规范为依据。计算时应与定额所包含的工作内容及适用范围相一致。

（4）本次修编中，一般不再设置10kV电压等级子目，只设置20kV电压等级的子目，如不做特殊说明，10kV电压等级设备拆除执行本定额的20kV电压等级的子目。66kV没有相应定额子目的可按110kV定额子目乘以系数0.88。

（5）定额中的站内运输指设备、材料在施工组织设计规定的现场仓库（现场堆放点）与施工地点之间的水平运搬及垂直运搬。

第1章 变 压 器

一、主要内容及范围

本章定额包括三相电力变压器拆除、单相电力变压器拆除、组合型成套箱式变电站拆除、电抗器拆除、消弧线圈拆除、变压器有载分接开关在线净油装置的拆除和放注油，分为7个小节，共134个子目。

二、未包括内容

（1）变压器、电抗器铁梯及母线铁构架的拆除，发生时执行本册第5章定额。

（2）变压器、电抗器防地震措施的拆除。如需计算相关费用时，可根据现场实际工作内容执行相应的预算定额另行计算。

（3）端子箱、控制柜的拆除，发生时执行本册第4章定额。

三、2015版较2010版预算定额的主要变化

（1）三相电力变压器拆除，取消了10kV干式变压器拆除定额子目。35kV油浸式变压器拆除增加了容量500kVA以下、容量1000kVA以下、容量70000kVA以下拆除定额子目。110kV双绕组变压器拆除、110kV三绕组变压器拆除中分别增加了容量31500kVA以下、容量50000kVA以下、容量80000kVA以下拆除定额子目。220kV双绕组变压器拆除增加了容量50000kVA以下、容量80000kVA以下、容量150000kVA以下拆除定额子目，原来的容量260000kVA以下调整为容量240000kVA以下。220kV三绕组变压器拆除中增加了容量50000kVA以下、容量80000kVA以下、容量180000kVA以下拆除定额子目。500kV三绕组变压器拆除增加了三绕组容量1000000kVA以下拆除定额子目。

（2）单相电力变压器拆除中，增加了 20kV 及以下单相电力变压器拆除定额子目。500kV 单相双绕组变压器拆除增加了容量 380000kVA 以下拆除定额子目。500kV 单相三绕组变压器拆除增加了容量 500000kVA 以下、容量 1000000kVA 以下拆除定额子目。750kV 单相变压器拆除增加了三绕组容量 380MVA 以下拆除定额子目。增加了 1000kV 单相变压器拆除定额子目。

（3）单相电力变压器拆除中，取消了 220、330kV 单相电力变压器拆除定额子目。

（4）定额增加了 35kV 及以下组合型成套箱式变电站拆除定额子目。

（5）电抗器拆除中，增加了 20kV 以下空心电抗器拆除、35kV 以下空心电抗器拆除、中性点小电抗拆除定额子目。将原来配电装置章节中的 35kV 以下干式电抗器拆除定额子目调整到本章，并将原来按重量设置子目修改为按容量设置子目。增加了 330kV 高压电抗器拆除、1000kV 高压电抗器拆除定额子目。500kV 高压电抗器拆除设置为容量 30Mvar 以下、容量 60Mvar 以下定额子目。

（6）消弧线圈拆除定额修改为 20kV 以下消弧线圈拆除、35kV 及以上消弧线圈拆除两部分，与原定额相比，子目由 9 个调整为 14 个。

（7）变压器有载分接开关在线净油装置拆除增加了主变压器 1000kV 以下定额子目。

（8）增加放注油定额子目。

四、定额使用说明

第 1 节　电力变压器拆除

1．工作内容

变压器拆除包括附件拆除，接地拆除、垫铁及止轮器拆除，本体拆除等。

2．工程量计算规则

（1）三相电力变压器拆除以“台”为计量单位，三相为一台。

（2）单相变压器拆除以“台”为计量单位，单相为一台。

3．定额调整说明

（1）干式变压器拆除，执行同电压、同容量电力变压器拆除定额乘以系数 0.70。

（2）自耦变压器、整流变压器拆除按同电压、同容量电力变压器拆除定额乘以系数 0.80。

（3）非晶合金变压器执行同电压、同容量电力变压器拆除定额。

（4）分裂变压器拆除执行三绕组变压器拆除子目。

（5）如实际出现 220、330kV 单相电力变压器拆除时，可执行同电压等级、同容量的三相变压器拆除定额乘以系数 0.70。

4．其他说明

（1）变压器、电抗器拆除考虑了拆除后的场内运输，实际运输由其他方实施时定额不做调整。

（2）变压器拆除定额中包括变压器设备本体间的金属软管、电缆及接线拆除。

（3）变压器拆除定额不包含放注油工作，应执行本章放注油定额。

第 2 节　35kV 及以下组合型成套箱式变电站拆除

1．工作内容

本体拆除，接地拆除。

2．工程量计算规则

组合型成套箱式变电站拆除以“座”为计量单位。

3．其他说明

（1）定额综合了欧式、美式等不同型式的成套箱式变电站拆除，实际型式不同时不做调整。

（2）箱式变电站的拆除定额中不包括进、出箱的一、二次电缆拆除，同时也不包括进、出箱的母排的拆除，如实际发生时，应执行本册第3章或第6章定额。

第3节　电抗器拆除

1．工作内容

（1）空心电抗器拆除包括电抗器拆除，底座绝缘子拆除，包装、接地拆除等。

（2）干式电抗器拆除包括垫铁拆除，附件拆除，接地拆除，本体拆除等。

（3）中性点小电抗器拆除包括接线拆除，接地拆除，附件拆除，电抗器拆除等。

（4）高压电抗器拆除包括附件拆除，接地拆除、垫铁及止轮器拆除，本体拆除等。

2．工程量计算规则

（1）空心电抗器拆除以“组/三相”为计量单位，三相为一组。

（2）干式电抗器、中性点小电抗器、高压电抗器拆除以“台”为计量单位。

3．其他说明

（1）空心电抗器拆除定额中已包括了底座绝缘子的拆除，不得另外再套用绝缘子拆除定额。

（2）干式电抗器拆除定额适用于35kV以下干式铁芯电抗器拆除。

（3）拆除定额中不包含放注油工作，发生时应执行本章放注油定额。

（4）电抗器拆除定额中包括电抗器设备本体间的金属软管拆除、电缆拆除。

第4节　消弧线圈拆除

1．工作内容

消弧线圈拆除包括垫铁拆除、附件拆除、接地拆除、本体拆除等。

2．工程量计算规则

消弧线圈拆除以“台”为计量单位，三相为一台。

3．定额调整说明

当消弧线圈为干式时，定额乘以系数0.70。

第5节　变压器有载分接开关在线净油装置拆除

1．工作内容

连接管道拆除、装置本体拆除、接地拆除等。

2．工程量计算规则

变压器有载分接开关在线净油装置拆除以“台”为计量单位。

3．其他说明

变压器有载分接开关在线净油装置拆除包括了与主变压器油箱连接管路的拆除。

第6节　放注油

1．工作内容

放油，注油。

2．工程量计算规则

放注油以“t”为计量单位。

3．定额调整说明

放注油应以实际放注油的数量计算，放油与注油应分别计算工程量。

4．其他

（1）110kV 及以上设备安装在户内时，拆除定额人工乘以系数 1.30。

（2）本章定额中设备拆除指保护性拆除，当实际拆除为破坏性拆除时，定额乘以系数 0.50。

5．工程案例

【案例 1-1】

某一工程，拆除变压器 1 台，主变压器型号为 SZ11-63000/110，电压等级 110/10.5kV，有载调压；拆除放油与拆除后回注油共 10t；拆除变压器高压侧引下线一组，导线型号为 LGJ-400/35；变压器低压侧拆除伸缩节，型号 MSS-125×10，三相共 6 片；拆除户外落地式转接端子箱 1 只；共拆除控制电缆共 600m（其中 400m 为主变压器各附件之间电缆），共 20 根（主变压器本体各附件之间电缆共 12 根），型号为 ZR-KVVP2/22-8×1.5。

定额直接费计算见表 1-1。

表 1-1　　拆除工程单位工程预算表　　金额单位：元

编制依据	项目名称	单位	数量	拆除单价		拆除合价	
				定额基价	其中人工	费用金额	其中人工
CQ1-19	110kV 双绕组变压器拆除 三相 容量（kVA 以下） 63000	台	1.000	6635.45	2524.96	6635	2525
CQ1-134	放注油	t	10.000	112.88	13.68	1129	137
CQ3-34	引下线、跳线及设备连引线拆除 35～220kV（截面 mm^2 以下） 600	组/三相	1.000	72.60	16.70	73	17
CQ3-53	母线伸缩节头拆除 每相（片） 2 及以下	个	3.000	6.78	6.09	20	18

续表

编制依据	项目名称	单位	数量	拆除单价		拆除合价	
				定额基价	其中人工	费用金额	其中人工
CQ4-2	控制保护屏拆除 户外端子箱	台	1.000	34.70	26.01	35	26
CQ6-22	电缆拆除 截面积（mm^2 以内） 10	100m	2.000	123.20	110.13	246	220
CQ6-52	控制电缆头拆除 芯数（以内） 14	个	16.000	6.63	4.67	106	75
	小计					8244	3018

注 1．变压器拆除需另外计算放注油工程量。

2．变压器拆除只包括了本体附件端子箱的拆除，对于非本体附件的端子箱拆除需另行计算。

3．变压器拆除定额中包括变压器设备本体间的金属软管、电缆及其接线拆除，故主变本体各附件之间的 400m 电缆不应计算拆除费。

第2章 配电装置

一、主要内容及范围

本章定额包括：断路器拆除、气体绝缘金属封闭开关设备（GIS）拆除、复合式组合电器拆除（HGIS）、空气外绝缘组合电器（COMPASS）拆除、隔离开关拆除、电流互感器拆除、电压互感器拆除、避雷器拆除、电容器拆除、高压动态无功补偿装置拆除、熔断器拆除、放电线圈拆除、阻波器拆除、成套高压配电柜拆除、开闭所成套装置拆除、中性点接地成套装置拆除，分为11个小节，共300个子目。

二、未包括内容

（1）设备拆除均不包括基础槽钢或角钢、设备支架及防雨罩、金属平台和爬梯的拆除，发生时执行本册第5章定额。

（2）对于成套高压配电柜，当主母线安装在柜外时，定额中不包括柜体外主母线及主母线与柜内设备之间的母线拆除，发生时执行本册第3章定额。

三、2015版较2010版定额的主要变化

（1）断路器拆除中，取消了多油断路器拆除定额。真空断路器拆除定额进行了调整，取消了户外真空断路器拆除，户内真空断路器调按电压等级划分，共调减了5个子目。少油断路器拆除取消了延长轴拆除。SF_6断路器拆除中的户内断路器按照电压等级设置了20、35、110、220kV子目，户外断路器增加了750、1000kV定额子目。SF_6全封闭组合电器（GIS）拆除增加了20、35、1000kV定额子目，并按带断路器及不带断路器分别设置子目。增加了SF_6全封闭组合电器（GIS）主母线拆除共6个子目。取消了进出线筒拆除子目。SF_6全封闭组合电器进出线（GIS）套管拆除增加了1000kV定额。复合式组合电器（HGIS）拆除增加了1000kV

定额。增加了空气外绝缘组合电器（COMPASS）拆除定额。

（2）隔离开关拆除中，户内隔离开关拆除增加了 35kV 以上定额子目。户外双柱式隔离开关拆除增加了 330、1000kV 拆除定额，750kV 定额取消了高度超过 6m 子目，对接地方式进行了调整。户外三柱式隔离开关拆除增加了 750、1000kV 定额子目。户外单柱式隔离开关拆除增加了 1000kV 定额子目。单相接地开关拆除增加了 1000kV 定额子目。

（3）电压互感器拆除中，油浸式电压互感器拆除增加了 1kV 以下定额子目。电容式电压互感器拆除增加了 750、1000kV 拆除定额子目。增加了电子式电压互感器拆除定额。

（4）电流互感器拆除中，户外型电流互感器拆除增加了 1000kV 定额子目。增加了电子式电流互感器拆除定额。

（5）避雷器拆除中，增加了氧化锌式（1000kV）避雷器拆除定额子目。取消了 GIS 避雷器拆除定额子目。

（6）电容器拆除中，取消了移相电容器拆除定额子目。增加了框架式电力电容器拆除、自动无功补偿装置拆除、110kV 并联电容器拆除、高压动态无功补偿装置拆除、串补装置拆除定额，耦合电容器增加了 750、1000kV 拆除定额子目。将原定额集合式电容器拆除调整为密集型电容器拆除，并将原定额按质量设置子目修改为按容量设置子目。取消了结合滤波器拆除定额。

（7）熔断路拆除取消了 RW2-35 定额子目。增加了放电线圈拆除定额子目。

（8）阻波器拆除中增加了 1000kV 定额子目。

（9）将电抗器拆除定额调整到第 1 章。

（10）成套高压配电柜拆除中，将原 10、35kV 高压配电柜调整为附断路器柜与不附断路器柜两种。增加 20kV 以下开关站成套装置定额子目。

（11）取消了原定额中箱式变压器拆除定额子目及设备

在线监测装置拆除定额子目。

（12）中性点接地成套装置拆除中的接地变压器、消弧线圈柜按 20kV 以下及 35kV 设置了 2 个子目。

四、定额使用说明

第 1 节　断路器拆除

1．工作内容

（1）真空断路器拆除包括操动机构拆除、断路器本体拆除、接地拆除等。

（2）少油断路器拆除包括放油、操动机构拆除、断路器拆除、接地拆除等。

（3）SF_6 断路器拆除包括操动机构拆除、气体回收、气体连接管路拆除、断路器本体拆除、接地拆除等。

（4）SF_6 全封闭组合电器（GIS）拆除包括：操动机构及操作柜拆除、气体回收、连接管路拆除、套管封闭筒等附件拆除、设备本体连接电缆拆除、本体拆除、接地拆除、支架拆除等。

（5）SF_6 全封闭组合电器（GIS）主母线拆除包括固定拆除、主母线拆除。

（6）SF_6 全封闭组合电器（GIS）进出线套管拆除包括本体拆除、气体回收、支架拆除、脚手架搭拆等。

（7）复合式组合电器（HGIS）、空气外绝缘组合电器（COMPASS）拆除包括操动机构及操作柜拆除、气体回收、连接管路拆除、套管及附件拆除、设备本体连接电缆拆除、本体拆除、接地拆除、支架拆除等。

2．工程量计算规则

（1）断路器拆除以“台”为计量单位，三相为一台。

（2）SF_6 全封闭组合电器（GIS）拆除以“间隔”为计量单位。

（3）复合式组合电器（HGIS）拆除、空气外绝缘组合电器（COMPASS）拆除以“台”为计量单位，三相为一台。

（4）SF_6全封闭组合电器（GIS）主母线拆除按中心线长度计量。

（5）SF_6全封闭组合电器（GIS）进出线套管以“个”为计量单位，每相为一个。

3．定额调整说明

（1）罐式断路器拆除时，定额乘以系数1.20。

（2）SF_6 全封闭组合电器（GIS）、复合式组合电器（HGIS）、空气外绝缘组合电器（COMPASS）高度在10m以上（指设备底座距离±0m超过10m以上）时，定额人工乘以系数1.05，定额机械乘以系数1.20。

（3）SF_6全封闭组合电器（GIS）主母线拆除不包括GIS本体内的主母线，GIS本体内的主母线拆除综合考虑在GIS本体间隔的拆除中。

4．其他说明

（1）断路器拆除不包括端子箱的拆除工作，拆除时应执行本册第4章定额。

（2）断路器、隔离开关等配电装置的操动机构按各类机构综合考虑，使用时不能因机构不同对定额进行调整。

（3）全封闭组合电器（GIS）、复合式组合电器（HGIS）、空气外绝缘高压组合电器（COMPASS）的拆除定额中已考虑了设备本体连接电缆的拆除。

（4）全封闭组合电器（GIS）拆除是按电压等级按间隔编制的，分带断路器与不带断路器两大类。

（5）本章定额中包含了GIS、HGIS等设备配套支架的拆除。

（6）复合式组合电器（HGIS）是根据电气主接线的要求，将断路器、电流互感器、隔离开关、接地开关及绝缘套管组合起来的组合设备既有GIS的优点又有空气绝缘部分的复合式组合电器的优点。

（7）断路器附有并联电阻时，定额不做调整。

第2节 隔离开关拆除

1．工作内容

（1）户内隔离开关拆除包括辅助触点拆除，连杆拆除，操动机构拆除，本体拆除，接地拆除等。

（2）隔离开关拆除包括本体拆除，操动机构拆除，连杆拆除，辅助开关拆除，开关调整，接地拆除等。

2．工程量计算规则

隔离开关拆除以“组”为计量单位，三相为一组；单相接地开关以“台”为计量单位，单相为一台。

3．定额调整说明

（1）户外隔离开关高度超过6m时，执行“安装高度超过6m”定额；隔离开关操动机构按手动、电动、液压综合取定，使用时不做调整。

（2）负荷开关可执行同电压等级的隔离开关拆除定额；融冰采用的两相隔离开关可执行同电压等级的隔离开关拆除定额以系数0.80。

4．其他说明

（1）开关的连杆按焊接和销子连接综合考虑的，采用其他连接方式时不做调整。

（2）35kV二段式传动的隔离开关拆除，定额中考虑了增加项目，使用时在原定额基础上可另加“二段式传动增加项目”。

（3）户内型操动机构按手动机构考虑，户外型的操动机构按手动、电动机构综合取定，型式不同时不做调整。

（4）隔离开关拆除定额中只包括了与由隔离开关本身配套的闭锁、联锁装置的拆除，未包括五防系统另外配置的安全闭锁、联锁装置的拆除。

（5）户外隔离开关无论是三个单相操动机构还是三相联动操动机构，都以三相为一组计算。

第3节 敞开式组合电器拆除

1．工作内容

基础找平，连杆拆除，操动机构拆除，本体拆除，接地拆除等。

2．工程量计算规则

敞开式组合电器拆除以“组”为计量单位，一组隔离开关及一组电流互感器（隔离开关）的组合为一组。

第4节 互感器拆除

1．工作内容

互感器拆除、接地拆除等。

2．工程量计算规则

电流、电压互感器拆除以“台”为计量单位，单相为一台。

3．定额调整说明

SF_6电流互感器拆除时定额人工乘以系数1.05，SF_6电压互感器拆除时按油浸式定额人工乘以系数1.05。

4．其他说明

（1）电容式电压互感器包括中间变压器和阻尼器的拆除，但不包括钢支架、引线、防雨罩拆除。

（2）当电容式电压互感器同时为电子式电压互感器时，执行电容式电压互感器拆除定额。

第5节 避雷器拆除

1．工作内容

均压环拆除，并联电阻拆除，拉紧绝缘子拆除，本体拆除，放电记录器拆除，接地拆除等。

2．工程量计算规则

避雷器拆除以“组”为计量单位，三相为一组。

3．定额调整说明

单相避雷器拆除按同电压等级定额乘以系数0.4计算。

4．其他说明

避雷器拆除中均包括放电记录器（在线监测装置）和附件的拆除，但不包括钢支架的拆除。

第6节　电容器拆除

1．工作内容

垫铁拆除，附件拆除，接地拆除，本体拆除等。

2．工程量计算规则

（1）框架式电容器拆除以“台”为计量单位。

（2）耦合电容器拆除以“台”为计量单位，单相为一台。

（3）密集型电容器、自动无功补偿装置、110kV并联电容器、高压动态无功补偿装置拆除以“组”或“套”为计量单位，三相为一组（套）。

（4）串补装置的设备拆除中，以“组”或“套”为计量单位，单相为一组（套）。

3．定额调整说明

并联电容器成套装置拆除时，66kV电容器组执行110kV并联电容器组乘以系数0.88，35kV电容器组执行110kV并联电容器组乘以系数0.60。

4．其他说明

（1）并联电容器成套装置综合了密集型并联电容器成套装置和框架式并联电容器成套装置。

（2）框架式电容器的拆除不包括连接线和钢支架、网门的拆除。执行定额时不论电压等级均以每个电容器的容量划分。

（3）密集型并联电容器拆除综合考虑了密集型并联电容器、集合式并联电容器的拆除。执行定额时按电压及容量以“组”为单位套用定额。定额中未包括绝缘子的拆除。

（4）110kV 并联电容器组拆除已包括其中配电装置的拆除，不需另外执行其他定额。

（5）结合滤波器拆除，已包含在耦合电容器拆除工作中。

第 7 节　熔断器、放电线圈拆除

1．工作内容

（1）熔断器拆除包括设备拆除，接地拆除等。

（2）放电线圈拆除包括电抗器拆除，底座绝缘子拆除，接地拆除等。

2．工程量计算规则

（1）熔断器拆除以“组”为计量单位，三相为一组。

（2）放电线圈拆除以“台”为计量单位，一只为一台。

第 8 节　阻波器拆除

1．工作内容

设备拆除、接地拆除等。

2．工程量计算规则

阻波器拆除以“个”为计量单位。

3．其他说明

支撑式阻波器拆除定额未包括支撑绝缘台的拆除，悬挂式阻波器拆除未包括了悬垂绝缘子串的拆除。

第 9 节　成套高压配电柜拆除

1．工作内容

垫铁拆除，附件拆除，接地拆除，本体拆除等。

2．工程量计算规则

成套高压配电柜、开闭所成套装置拆除以“台”为计量单位。

3．定额调整说明

（1）成套高压配电柜拆除定额按固定式、手车式、开启式或封闭式综合考虑，使用时不作调整。

（2）成套高压配电柜拆除定额按单母线柜考虑，如为双母线柜时，定额乘以系数 1.15。

4．其他说明

成套高压配电柜、接地变压器柜、消弧线圈成套装置、成套箱式变电站的拆除是按照整体拆除而非解体拆除考虑的，且不包括其他连接线、进出线电缆的拆除。

第 10 节　中性点接地成套装置拆除

1．工作内容

元件拆除，本体拆除，接地拆除等。

2．工程量计算规则

小电阻接地成套装置拆除以“台”为计量单位。

3．其他说明

（1）小电阻接地成套装置拆除已按不同电压等级综合考虑，使用时不做调整。

（2）接地变压器、消弧线圈成套装置中的变压器、电抗器、消弧线圈，以及隔离开关等配电装置需要现场分别拆除可分别执行各设备的拆除定额。

（3）主变压器的中性点接地成套装置应分别执行各设备的拆除定额。

4．其他

（1）110kV 及以上设备安装在户内时，拆除人工乘以系数 1.30。

（2）本章定额中设备拆除指保护性拆除，当实际拆除为破坏性拆除时，定额乘以系数 0.50。

5．工程案例

【案例 2-1】

某技改工程，拆除 GIS 架空出线间隔一个，包括拆除 GIS 控制箱及与间隔连接的封闭主母线 6m；拆除设备引下线一组，导线型号为 LGJ-630/55；拆除 GIS 配套的电缆 200m。

定额直接费计算见表 2-1。

表 2-1　　拆除工程单位工程预算表　　金额单位：元

编制依据	项目名称	单位	数量	拆除单价		拆除合价	
				定额基价	其中人工	费用金额	其中人工
调 CQ2-29 R×1.3	SF_6 全封闭组合电器（GIS）拆除 电压（kV）110（不带断路器）	间隔	1.000	3989.38	1624.35	3989	1624
调 CQ2-40 R×1.3	全封闭组合电器（GIS）主母线拆除 电压等级 110kV	m（三相）	6.000	297.52	88.53	1785	531
调 CQ2-46 R×1.3	SF_6 全封闭组合电器（GIS）进出线套管拆除 套管 110kV	个	3.000	283.00	51.68	849	155
CQ3-35	引下线、跳线及设备连引线拆除 35～220kV（截面 mm^2 以下） 1000	组/三相	1.000	105.40	31.02	105	31
	小计					6729	2342

注　1．本案例 GIS 为架空出线间隔，注意应另计 GIS 的出线套管拆除费。
　　2．GIS 控制箱与 GIS 配套电缆均包括在 GIS 间隔拆除中，不应再单独计算。

【案例 2-2】

某工程拆除 10kV 馈线真空断路器开关柜 12 台，同时拆除柜内母线 21.6m，型号为 TMY-125×10，另外拆除型号 ZR-KVVP2/22-4×4 的控制电缆 200m，共 12 根；拆除型号 ZR-KVVP2/22-6×1.5 的控制电缆 150m，共 12 根；拆除型号

ZR-KVVP2/22-8×1.5 的控制电缆 280m，共 24 根；拆除开关柜接地扁钢 40m，型号为 40×4。

定额直接费计算见表 2-2。

表 2-2　　拆除工程单位工程预算表　　金额单位：元

编制依据	项目名称	单位	数量	拆除单价		拆除合价	
				定额基价	其中人工	费用金额	其中人工
CQ2-1	真空断路器拆除　户内 20kV 2000A 以上	台	12.000	233.92	139.16	2807	1670
CQ6-22	电缆拆除　截面积（mm^2 以内） 10	100m	6.300	123.20	110.13	776	694
CQ6-51	控制电缆头拆除　芯数（以内） 6	个	48.000	5.10	3.14	245	151
CQ6-52	控制电缆头拆除　芯数（以内） 14	个	48.000	6.63	4.67	318	224
	小计：					4146	2739

注　1. 柜内母线拆除包括在开关柜拆除定额中，不应再另行计算。

2. 电缆拆除不包括电缆终端头的拆除，电缆头拆除费用应另行计算。

3. 开关柜接地扁钢拆除费包括在开关拆除定额中，不应另行计算。

第3章　绝缘子、母线

一、主要内容及范围

本章包括悬式绝缘子串拆除，支持绝缘子拆除，穿墙套管拆除，软母线拆除，引下线、跳线及设备连引线拆除，架空避雷线拆除，矩形母线拆除，母线伸缩节头拆除，管形母线拆除，共箱母线拆除，低压封闭式插接母线槽拆除，穿通板拆除，分为12个小节，共74个子目。

二、未包括内容

支架、铁构架的拆除，发生时执行本册第5章定额。

三、2015版较2010版定额的主要变化

（1）悬垂绝缘子串拆除中，增加了1000kV定额子目，取消低电压悬垂绝缘子串拆除。

（2）户内支持绝缘子拆除综合了4孔与2孔两种型式，户外支持绝缘子拆除增加了1000kV定额子目，取消低电压支持绝缘子串拆除。

（3）穿墙套管拆除取消了10kV电压等级子目，110kV穿墙套管不再区分水平装设与垂直装设。

（4）软母线拆除增加了1000kV定额子目，取消了35kV电压等级子目，并对截面进行了综合。

（5）引下线、跳线及设备连接线拆除中，增加了1000kV定额子目，并对截面进行了综合。

（6）取消了原定额中组合软母线拆除定额子目。

（7）矩形母线拆除对不同截面进行了综合，并增加热缩拆除定额子目。

（8）母线伸缩节头拆除中取消了铜编织带拆除定额子目。

（9）取消了原定额中槽形母线拆除定额子目。

（10）管形母线拆除中，支持式管形母线拆除增加了直

径 250、300、450mm 定额子目，悬吊式管型母线拆除增加了 750、1000kV 定额子目，并对截面进行了调整与综合。取消了管形母线引下线配制拆除定额子目。

（11）取消了原定额中电缆母线拆除定额子目。

（12）对共箱母线、低压封闭式插接母线槽拆除的不同规格进行了综合调整。

四、定额使用说明

第 1 节　绝缘子、穿墙套管拆除

1．工作内容

（1）悬式绝缘子串拆除包括金具拆除，绝缘子拆除等。

（2）支持绝缘子串拆除包括金具拆除，绝缘子拆除，接地拆除等。

（3）穿墙套管拆除包括附件，套管拆除，接地拆除等。

2．工程量计算规则

（1）悬式绝缘子串拆除以“串”为计量单位。

（2）支持绝缘子、穿墙套管拆除以“个”或“柱”为计量单位，其中户内支持绝缘子拆除以“100 个”为计量单位。

3．定额调整说明

（1）110kV 及以上支持绝缘子户内拆除时，拆除定额人工乘以系数 1.30。

（2）户外 110kV 及以下绝缘子拆除执行户外 220kV 以下支持绝缘子拆除定额，定额乘以系数 0.40。

4．其他说明

（1）悬垂绝缘子串拆除分单串与双串拆除，V 形绝缘子串执行双串拆除定额。悬垂绝缘子串拆除不适用于耐张绝缘子串的拆除，耐张绝缘子串拆除已包括在软母线拆除定额中。

（2）穿墙套管的拆除包括了附属油箱、油管路、放油阀的拆除。使用时不论是否是充油式套管一律不做调整。

第 2 节　软母线、引下线、跳线及设备连引线、架空避雷线拆除

1．工作内容

（1）软母线拆除包括软母线拆除，绝缘子与母线拆除等。

（2）引下线、跳线及设备连引线拆除包括引下线、跳线、设备连引线拆除等。

（3）架空避雷线拆除包括架空避雷线拆除，绝缘子与避雷线拆除等。

2．工程量计算规则

（1）软母线拆除以“跨/三相”为计量单位，引下线拆除、跳线及设备连引线拆除以“组/三相”为计量单位。

（2）架空避雷线拆除以“跨”为计量单位。

3．定额调整说明

（1）软母线拆除定额是按单串绝缘子悬挂考虑的，如设计为双串时，定额人工乘以系数 1.08。

（2）35kV 软母线拆除按 110kV 同类型软母线拆除定额乘以系数 0.50。

4．其他说明

当引下线、跳线及设备连引线为单相或双相时，分别按三分之一、三分之二“组/三相”计算。

第 3 节　矩形母线、热缩套、母线伸缩节头拆除

1．工作内容

（1）矩形母线拆除包括金具拆除，母线拆除等。

（2）矩形硬母线热缩拆除包括热缩管拆除，热缩接头拆除等。

（3）母线伸缩节头拆除包括伸缩节、过渡板拆除等。

2．工程量计算规则

（1）矩形铝母线拆除以“m”为计量单位，以单相延长米计算。

（2）矩形硬母线热缩拆除以“m”为计量单位，按母线的单片延长米计算。

（3）母线伸缩节头拆除以“个”为计量单位。

3．定额调整说明

（1）矩形铝母线拆除与矩形铝母线引下线拆除合并为一项定额，使用时不分母线与引下线，一律以m/单相为单位计算工程量套用定额。

（2）管形母线伸缩节头拆除，执行矩形母线伸缩节拆除定额乘以系数1.50。

4．其他说明

（1）每相多片带型铝母线拆除中的截面积是指单片带形母线的截面积而不是多片相加后的截面大小。

（2）带形硬母线热缩拆除定额适用于电气拆除中各种绝缘热缩管拆除。

第4节 管形母线拆除

1．工作内容

（1）支持式管形母线拆除包括金具拆除，封端头拆除，防振导线拆除，管形母线拆除等。

（2）悬吊式管形母线拆除包括金具拆除，封端头拆除，防振导线拆除，绝缘子串拆除，管形母线拆除等。

（3）管形母线引下线配制拆除包括金具拆除，封端头拆除，管形母线拆除等。

（4）绝缘管形母线拆除包括金具拆除，封端头拆除，管形母线拆除等。

2．工程量计算规则

（1）管形母线拆除以“m”为计量单位，以单相延长米计算。

（2）悬吊式管形母线拆除以“跨”为计量单位，三相为一跨。

（3）管形母线引下线拆除以“组”为计量单位，三相为一组。

3．定额调整说明

管形母线伸缩节头拆除，可套用带形母线伸缩节拆除定额乘以系数 1.50。

第 5 节　共箱母线、低压封闭式插接母线槽拆除

1．工作内容

（1）共箱母线拆除包括母线拆除，箱体拆除，箱体接地拆除等。

（2）低压封闭式插接母线槽拆除包括母线拆除，线槽拆除，接地拆除等。

2．工程量计算规则

（1）共箱母线拆除以“m”为计量单位，以单相延长米计算。

（2）低压封闭式插接母线槽拆除以“m”为计量单位，以单相延长米计算。

3．定额调整说明

（1）封闭式插接母线槽安装在 10m 以上竖井内时，拆除定额人工和机械定额均乘以系数 2.0。

4．其他说明

（1）封闭式插接母线槽拆除不分铜导体和铝导体，一律按其额定电流大小划分定额子目。

（2）封闭式插接母线槽每段母线槽之间的接地跨接线已含在定额内，不应另外计算，接地跨接线规格设计要求与定额不符合时可以换算。

5．其他

（1）本章定额中除母线热缩管热缩盒拆除按照破坏性拆除考虑外，其余设施均按保护性拆除考虑。

（2）当实际拆除为破坏性拆除时，套用本定额时乘以系数 0.50。

（3）本章定额中，部分设施未编制低电压等级子目，对于低电压设施的拆除，除定额另有说明外，均执行上一级电压等级的子目。

6．工程案例

【案例 3-1】

某技改工程，需拆除一段 10kV 母线桥（母线为每相三片）以及母线桥终端的穿墙套管，具体设备及材料见表 3-1，其中母线、绝缘子、伸缩节拆除按破坏性拆除计算。

表 3-1　　拆除工程设备材料表

序号	设备材料名称	型号及规格	单位	数量
1	穿墙套管	CWC-20/3000	只	3
2	铜母线	TMY-125×10	只	150
3	硬管母线固定金具	MWL-304	只	40
4	支柱绝缘子	ZSW-20/16	套	40
5	母线伸缩节	MS-125×10	m	9
6	矩形母线间隔垫	MJG-04	组	270
7	母线热塑套	配 TMY-125×10	只	150

定额直接费计算见表 3-2。

表 3-2　　拆除工程单位工程预算表　　金额单位：元

编制依据	项目名称	单位	数量	拆除单价		拆除合价	
				定额基价	其中人工	费用金额	其中人工
CQ3-14	穿墙套管拆除 电压（kV 以下） 35	个	3.000	39.05	23.60	117	71

续表

编制依据	项目名称	单位	数量	拆除单价		拆除合价	
				定额基价	其中人工	费用金额	其中人工
调 CQ3-54 R×0.5 C×0.5 J×0.5	母线伸缩节头拆除 每相（片） 4及以下	个	3.000	5.08	4.39	15	13
调 CQ3-48 R×0.5 C×0.5 J×0.5	每相多片矩形铝母线拆除 每相三片（截面 mm^2 以下） 1250	m	50.000	8.19	3.95	410	198
调 CQ3-50 R×0.5 C×0.5 J×0.5	矩形铝母线拆除 硬母线热缩拆除 绝缘热缩管（直径 mm 以下） 1400	m	150.000	0.94	0.94	140	140
调 CQ3-8 R×0.5 C×0.5 J×0.5	户内支持绝缘子拆除 电压 20kV 以下	100个	0.400	213.56	192.02	85	77
	小计					768	499

注 1. 母线桥金具拆除包括在母排及绝缘子拆除定额中，不应另行计算。

2. 母线、绝缘子、伸缩节拆除按破坏性拆除，执行定额时应乘以相应系数。

3. 母线拆除不区分铜铝材质，统一直接执行定额。

第 4 章　控制保护屏、自动化系统

一、主要内容及范围

本章包括：控制、继电保护屏拆除，自动化系统、数字化变电站二次设备拆除，设备在线监测装置拆除，端子箱、屏边拆除，表盘装置插件、附件拆除、二次配线及接线拆除，直流换流站直流控制保护设备拆除，分为 3 个小节，共 23 个子目。

二、未包括内容

（1）屏柜拆除未包括设备基础（包括支架、底座、槽钢等）拆除，发生时执行本册第 5 章定额或建筑修缮预算定额。

（2）屏柜拆除未考虑屏（柜）接线拆除，发生时执行本章“端子接线”拆除子目。

（3）未包括低压电器、铁构件的拆除，发生时执行本册第 5 章定额。

三、2015 版较 2010 版定额的主要变化

（1）将控制保护屏、自动化系统屏柜、数字化变电站二次屏柜的类型进行综合合并，只保留保护二次屏柜拆除、户内端子箱拆除、户外端子箱拆除、屏边拆除共 4 个子目。

（2）将直流电源屏调整到第五章交直流系统与低压电器章节中。

（3）将原来在本章中的低压电器设备拆除调整到交直流系统与低压电器章节中。

（4）将原来在本章中的铁构件拆除调整到交直流系统与低压电器章节中。

四、定额使用说明

第1节　控制保护屏柜、汇控柜、端子箱、屏边拆除

1. 工作内容

屏体拆除，接地拆除。

2. 工程量计算规则

屏（柜）、箱，装置的拆除以“台”为计量单位，其中屏（柜）一面为一台。

3. 定额调整说明

端子箱拆除中端子箱大小不同时，定额不做调整。

4. 其他说明

（1）保护二次屏柜综合了PK型控制屏，马赛克控制屏，弱电控制返回屏，电源屏，继电保护屏，备自投屏，故障录波装置屏，电能表屏，直流控制保护屏，视屏监控屏，远动装置屏，电能计量遥测采集屏，电能质量检测屏，后台工作站，二次安全防护屏，远动UPS屏，保护故障信息系统子站，保护管理机屏，测控屏，GPS屏，网络交换机屏，RTU屏，遥信转接屏，遥控继电屏，遥测变送器屏等。

（2）端子箱拆除分户内和户外式两种，包括变压器、断路器、母线、互感器等的端子箱，用途及外形大小不同时，定额不做调整。

（3）屏柜拆除工作内容中不包括屏柜端子板外部接线拆除，端子板外部接线拆除需另外执行端子接线拆除定额，数量可根据设计图纸或实际工作量进行计算，当无法确定具体工作量时，可参照表4-1屏（柜）端子数量参考表进行计算，但要注意扣减电缆终端头拆除包括的外部接线。

第2节　屏柜内元件拆除

1. 工作内容

（1）数字化变电站二次设备拆除包括智能终端、合并单元、测控模块，采集器拆除。

（2）表盘装置插件、附件及二次配线拆除包括表计、继电器、插件及附件拆除。

2．工程量计算规则

（1）表盘装置插件、屏上附件、小电气元件以“个”或“套”为计量单位。

（2）二次回路配线拆除为“100m”为单位。

（3）端子接线拆除以“10个”为计量单位。

3．定额调整说明

对于成组安装的元件，个别元件拆除时按实际数量调整系数套用定额。

4．其他说明

端子接线拆除以“10个”为计量单位。根据实际发生或设计规定的屏柜端子外部接线数量进行计算，如设计未规定或实际尚未能统计出准确数量时，可参照下表数量进行计算，但计算时应扣除电缆终端头拆除已包括的端子排外部接线数量。

表4-1　屏（柜）端子数量参考表

屏（柜）名称	端子接头数量（单位：个）	屏（柜）名称	端子接头数量（单位：个）
控制屏	80	端子箱（110kV及以下）	80
测控屏	120	端子箱（330kV及以下）	120
控制台	40	端子箱（500kV及以上）	160
继电保护屏（110kV及以下）	80	四遥屏柜	300
继电保护屏（330kV及以下）	130	电度表屏	60
继电保护屏（500kV及以上）	170	其他屏柜	100

5. 其他

（1）本章定额中除二次回路配线按照破坏性拆除考虑外，其余设施均按保护性拆除考虑。

（2）当实际拆除为破坏性拆除时，套用本定额时乘以系数 0.50。

6. 工程案例

【案例 4-1】

某技改工程，拆除 220kV 主变保护屏 3 面，更换 110kV 线路保护屏 2 面，更换测控屏共 3 面；拆除其他屏柜继电器 10 只，拆除配线 BV-4.0 共 180m，相关屏柜更换标签 20 个。

定额直接费计算见表 4-2。

表 4-2　　拆除工程单位工程预算表　　金额单位：元

编制依据	项目名称	单位	数量	拆除单价		拆除合价	
				定额基价	其中人工	费用金额	其中人工
CQ4-1	控制保护屏拆除 保护二次屏（柜）	台	8.000	181.93	139.60	1455	1117
CQ4-17	表盘装置插件、附件及二次配线拆除 端子接线	个	91.000	12.17	10.26	1107	934
CQ4-11	表盘装置插件、附件及二次配线拆除 表计及继电器	个	10.000	7.56	6.84	76	68
CQ4-18	表盘装置插件、附件及二次配线拆除 二次回路配线	100m	1.800	85.50	85.50	154	154
	小计					2792	2273

注　屏柜拆除需考虑端子板外部接线的拆除，经查屏（柜）端子数量参考表，220kV 保护屏、110kV 保护屏、测控屏的端子数量分别为 130、80、120，所以端子接线的数量为（3×130＋2×80＋3×120）/10＝91。

第5章　交直流系统与低压电器

一、主要内容及范围

本章包括：蓄电池支架拆除，蓄电池拆除，UPS、整流电源拆除，埋地穿管敷设绝缘导线拆除，设备及路灯照明、低压电器设备拆除及铁构件拆除等，分为13个小节，共36个子目。

二、未包括内容

设备照明拆除定额中不包括照明配电箱的电源电缆及接线拆除，发生时执行本册第6章定额。

三、2015版较2010版定额的主要变化

（1）将原定额章节名称蓄电池改为交直流系统与低压电器，增加了UPS、整流电源拆除，埋地穿管敷设绝缘导线拆除，设备及路灯照明拆除，低压电器设备拆除及铁构件拆除等定额子目。

（2）增加阀控式全密封免维护蓄电池拆除、太阳能电池拆除、免维护铅酸蓄电池拆除定额子目，并对蓄电池的规格进行调整综合。

（3）将原来在控制保护屏、自动化系统章节中的电源设备拆除、UPS拆除、低压电器设备拆除、铁构件拆除调整到本章中。

（4）将原来在照明及接地章节中的照明设备拆除、埋地穿管敷设绝缘导线拆除调整到本章中，并增加了户外灯拆除子目。

四、定额使用说明

第1节　蓄电池支架、蓄电池拆除

1．工作内容

（1）蓄电池支架拆除包括：支架拆除等。

（2）蓄电池拆除包括：连接线拆除，蓄电池拆除或太阳能电池板拆除。

2. 工程量计算规则

（1）蓄电池支架拆除以“m”为计量单位。

（2）蓄电池拆除以“只”“个”或“组件”为计量单位。

（3）太阳能电池方阵以“m^2”为计量单位，太阳能电池以“组”为计量单位。

3. 其他说明

（1）本章支架拆除系指密闭式碱性、酸性蓄电池安装固定用的支架拆除。

（2）太阳能电池拆除按照方阵铁架、太阳能电池拆除设置子目，应根据实际工作内容分别执行相应定额子目。

第 2 节　蓄电池在线检测仪、UPS、电源设备拆除

1. 工作内容

（1）蓄电池在线检测仪拆除包括连接线拆除，蓄电池在线检测仪拆除。

（2）UPS 拆除包括连接线拆除，UPS 电池拆除。

（3）电源设备拆除包括连接线拆除，整流电源设备拆除。

2. 工程量计算规则

（1）蓄电池在线监测仪拆除以“台”为计量单位。

（2）UPS 不停电电源设备拆除以“套”为计量单位。

（3）电源设备拆除“台”或“块”为计量单位。

3. 其他说明

（1）本章定额中的蓄电池在线检测仪拆除适用于需现场单独拆除的情况，如蓄电池在线检测仪已包括在相应屏柜的拆除工作中时，不应再重复计算。

（2）UPS 拆除包括了 UPS 主机、电池柜接线拆除工作。

（3）蓄电池柜的拆除仅指机柜拆除，定额不包括柜内蓄电池的拆除。

第3节　照明设备拆除

1．工作内容

（1）设备及路灯照明拆除包括连接线拆除，工作设备及路灯照明设备拆除。

（2）埋地穿管敷设绝缘导线拆除包括连接线拆除，埋地穿管敷设绝缘导线拆除。

2．工程量计算规则

（1）照明设备拆除以“套”为计量单位。

（2）埋地穿管敷设绝缘导线拆除以“100m”为计量单位。

3．其他说明

埋地穿管敷设绝缘导线拆除包括管道及管内导线的拆除。

第4节　低压电气设备拆除

1．工作内容

连接线拆除，低压电器设备拆除。

2．工程量计算规则

低压电气设备拆除以“个”为计量单位。

3．其他说明

低压电气设备拆除中成套开关柜定额综合了各种进出线柜、联络柜、计量柜、电容器柜等形式，套用时只以台数计算即可，不做调整。成套柜拆除不包括柜外母线及母线桥的配制拆除。其他电器设备拆除不包括支架拆除。

第5节　铁构件拆除

1．工作内容

铁构件拆除。

2．工程量计算规则

（1）铁构件拆除以“t”为计量单位。

（2）网门（保护网）拆除以“m^2”为计量单位。

3．其他说明

本章铁构件拆除定额适用于电气设施各种类型的支架、底座、构件的拆除。

4．其他

（1）本章定额中设备拆除指保护性拆除，当实际拆除为破坏性拆除时，套用定额时乘以系数0.50。

（2）本章铁构件拆除为破坏性拆除，当铁构件拆除为保护性拆除时，定额乘以系数1.45。

5．工程案例

【案例5-1】

某直流系统改造工程，拆除如下设备：充电屏2面，馈线屏4面；交流不间断电源屏1面（容量为2×3kVA）；拆除110V阀控式铅酸蓄电池2组，容量300Ah，每组电池54只，包括双层双排蓄电池支架共4m。

定额直接费计算见表5-1。

表5-1　　拆除工程单位工程预算表　　金额单位：元

编制依据	项目名称	单位	数量	拆除单价		拆除合价	
				定额基价	其中人工	费用金额	其中人工
CQ5-4	蓄电池支架拆除　双层　双排	m	4.000	39.86	39.86	159	159
CQ5-5	阀控式全密封免维护蓄电池拆除　2～12V/300Ah及以下	组件	108.000	23.98	20.88	2590	2255
CQ5-22	电源设备拆除　电源屏	台	6.000	142.31	142.15	854	853
CQ5-21	UPS拆除　30kW UPS三相不停电电源	套	1.000	316.62	310.46	317	310
	小计					3920	3578

第6章　电　　缆

一、主要内容及范围

本章包括：桥架、托盘、槽盒拆除，电缆保护管拆除，电缆拆除，电力电缆头拆除，控制电缆头拆除，电缆防火设施拆除，分为7个小节，共64个子目。

二、未包括内容

（1）电缆支架拆除，发生时执行本册第5章定额。

（2）隔热层、保护层的拆除，发生时按照实际拆除内容计取费用。

三、2015版较2010版定额的主要变化

（1）桥架、托盘、槽盒拆除中，铝合金托盘拆除不再区分规格而综合为一项定额子目，钢制桥架与槽盒拆除综合为一项定额子目，增加了复合电缆支架拆除定额子目。

（2）电缆保护管拆除中，钢管拆除定额增加了ϕ200、ϕ300定额子目，取消了ϕ125定额子目。硬塑料管（PVC管）拆除定额取消了ϕ20定额子目。

（3）电缆拆除中单芯电缆拆除按照截面设置了共4个子目。

（4）户内电缆终端头拆除，不再区分终端头形式，只按照电缆截面与电压等级设置子目。

（5）户外电缆终端头拆除，不再区分终端头形式，只按照电缆截面设置子目。

（6）取消了电力电缆中间头拆除定额子目。

（7）控制电缆头拆除增加了60、80、100芯数的电缆终端头拆除，取消了屏蔽电缆终端头拆除子目。

（8）电缆防火设施拆除增加了环保型阻火膨胀模块拆除定额子目。

四、定额使用说明

第 1 节　桥架、托盘、槽盒拆除，电缆保护管拆除

1．工作内容

（1）桥架、托盘、槽盒拆除包括接地拆除，支架拆除，托盘、槽盒拆除等。

（2）电缆保护管拆除包括管卡拆除，电缆保护管拆除等。

2．工程量计算规则

（1）铝合金槽盒、托盘拆除以“m”为计量单位，钢制梯架、槽盒及铝合金桥架拆除以“t”为计量单位，复合支架以“副”为计量单位。

（2）电缆保护管拆除以“100m”为计量单位。

3．定额调整说明

电缆保护管长度，应按实际拆除的保护管长度计算。

第 2 节　电 缆 拆 除

1．工作内容

电缆拆除、整理等。

2．工程量计算规则

（1）电缆拆除及电缆头拆除定额按铜芯铝芯综合考虑，无论铜芯、铝芯电缆均不作调整。

（2）电缆拆除长度应按实际拆除的电缆长度计算。

（3）14 芯以下控制电缆拆除套用 10mm^2 以下电力电缆拆除定额。15～37 芯控制电缆拆除套用 35mm^2 以下电力电缆拆除定额，37 芯以上套用 120mm^2 电力电缆拆除定额。

第 3 节　电缆终端头拆除、控制电缆头拆除

1．工作内容

（1）电缆终端头拆除包括接线拆除，电缆头拆除，接地

线拆除等。

（2）控制电缆头拆除包括接线拆除，接地拆除，端子标号等。

2．工程量计算规则

电缆终端头拆除以“个”为计量单位。

第 4 节　电缆防火设施拆除

1．工作内容

电缆防火设施拆除。

2．工程量计算规则

阻燃槽盒以“m”为计量单位，防火带以“100m”为计量单位，防火隔板、环保型阻火膨胀模块以“m^2”为计量单位，防火堵料、防火包、防火涂料以“t”为计量单位。

3．其他

（1）本章定额适用于 20kV 及以下电力电缆和控制电缆的拆除及电缆头拆除。35kV 及以上高压电缆拆除，执行输电线路工程拆除定额，取费执行电气工程拆除取费。

（2）本章定额中除桥架、托盘、槽盒拆除，电缆保护管拆除，电力电缆头拆除，电缆防火设施拆除按照破坏性拆除考虑外，其余设施均按保护性拆除考虑。

（3）对于定额为保护性拆除的设施，当实际拆除为破坏性拆除时，套用本定额时乘以系数 0.50。

（4）当桥架、托盘、槽盒拆除，电缆保护管拆除，电力电缆头拆除，电缆防火设施拆除为保护性拆除时，定额乘以系数 1.45。

4．工程案例

【案例 6-1】

某技改工程，拆除控制电缆共 700m，型号为 ZR-KVVP2/22-6×1.5，共 5 根，敷设路径电缆沟共长 120m（电缆沟宽

1.2m）；拆除钢电缆保护管60m，保护管直径为50mm。

定额直接费计算见表6-1。

表6-1　　拆除工程单位工程预算表　　金额单位：元

编制依据	项目名称	单位	数量	拆除单价		拆除合价	
				定额基价	其中人工	费用金额	其中人工
CQ6-22	电缆拆除　截面积（mm^2以内）　10	100m	7.000	123.20	110.13	862	771
CQ6-51	控制电缆头拆除　芯数（以内）　6	个	10.000	5.10	3.14	51	31
CQ6-10	电缆保护管拆除　钢管拆除　钢管（管径mm以内）　ϕ50	100m	0.600	302.80	222.78	182	134
JQ6-12	电缆沟揭（盖）盖板　（长度mm）　1500	100m	0.480	386.02	386.02	185	185
	小计					1280	1121

注　1. 执行定额时应注意控制电缆终端头的拆除。
　　2. 单独拆除电缆时应单独计列电缆沟揭盖盖板，电缆沟揭盖盖板可按电缆沟延长米的20%计算，并注意一揭一盖应分别计算工作量，并应执行技术改造工程预算定额。

【案例6-2】

某技改工程，拆除铝合金桥架立柱、托臂共2t，拆除铝合金托盘200m，拆除型钢电缆支架共0.4t，其中铝合金桥架及槽盒拆除按保护性拆除考虑。

定额直接费计算见表6-2。

表6-2　　拆除工程单位工程预算表　　金额单位：元

编制依据	项目名称	单位	数量	拆除单价		拆除合价	
				定额基价	其中人工	费用金额	其中人工
调CQ6-3 R×1.45 C×1.45 J×1.45	桥架、托盘、槽盒拆除　铝合金桥架	t	2.000	3252.05	2458.85	6504	4918

续表

编制依据	项目名称	单位	数量	拆除单价		拆除合价	
				定额基价	其中人工	费用金额	其中人工
调 CQ6-1 R×1.45 C×1.45 J×1.45	桥架、托盘、槽盒拆除 铝合金桥架、托盘拆除	m	200.000	30.46	11.59	6093	2317
CQ5-35	铁构件拆除 一般铁构件	t	0.400	908.25	482.59	363	193
	小计					12960	7428

注 1．铝合金桥架及槽盒拆除定额按破坏性拆除考虑，实际情况为保护性拆除时应注意调整系数。

2．型钢电缆支架拆除应执行铁构件拆除定额。

第7章　接　　地

一、主要内容及范围

本章包括：包括接地极拆除、接地母线拆除、避雷针接地引下线拆除、避雷网拆除，电子设备防雷接地装置拆除，分为6个小节，共20个子目。

二、2015版较2010版定额的主要变化

（1）将原来在本章中的照明设备拆除、埋地穿管敷设绝缘导线拆除调整到交直流系统与低压电器章节中。取消了架空导线拆除定额子目。

（2）接地极拆除中，钢管接地极、角钢接地极、铜棒接地极综合为接地极拆除，并设置了接地模块拆除子目。

（3）户外接地母线不再区分规格，只按母线材料设置子目，并设置了铜覆钢接地母线拆除、铜编织带、多股软铜线拆除子目。

（4）避雷接地引下线拆除中，沿混凝土结构、沿砖结构的引下线拆除分别做了合并，各保留了1个子目。

（5）增加电子设备防雷接地装置拆除定额子目。

三、定额使用说明

第1节　接地极拆除、接地母线拆除

1．工作内容

（1）接地极拆除包括地网连接线拆除，接地极拆除，回填土等。

（2）户外接地母线拆除包括挖接地沟及回填，母线拆除。

（3）户内接地母线拆除设包括卡子拆除，母线拆除，接地端子拆除等。

2．工程量计算规则

（1）接地极拆除以“根”为计量单位，离子接地极拆除以“套”为计量单位，接地模块拆除以“个”为计量单位。

（2）接地母线拆除以“100m”为计量单位，接地跨接线以“处”为计量单位，铜编织带、多股软铜线以“根”为计量单位。

3．定额调整说明

（1）户内、电缆沟内、电缆夹层与竖井内接地母线、汇流线的拆除均执行户内接地母线拆除。

（2）铜包钢、铅包铜接地拆除执行铜覆钢接地拆除相关子目。

4．其他说明

（1）铜覆钢接地极拆除定额综合考虑了铜棒、铜包钢、铅包铜接地极等各种铜质接地极的拆除，使用时不做调整。离子接地极、接地模块定额中未包括离子接地阵列中接地网的拆除，应另外执行本章户外接地母线拆除定额子目。

（2）铜编织带、多股软铜线拆除不论长度大小定额不做调整。

（3）户内接地母线拆除不论规格大小定额不做调整。

第2节　避雷针接地引下线拆除、避雷网拆除

1．工作内容

（1）避雷针接地引下线拆除包括接地网连接线拆除，接地引下线拆除等。

（2）避雷网拆除包括卡子拆除，支架拆除，避雷网拆除等。

2．工程量计算规则

（1）避雷针接地引下线拆除、避雷网拆除以“100m”为计量单位。

（2）构架接地拆除以“处”为计量单位。

3．定额调整说明

构架接地拆除包括各类进出线、母线等构架，定额不区分构架高低。设备支架、底座的接地拆除包括在设备拆除定额中。

第 3 节　电子设备防雷接地装置拆除

1．工作内容

连接线拆除，设备拆除。

2．工程量计算规则

电子设备防雷接地装置拆除以“个”为计量单位。

3．其他

（1）本章定额中除接地极拆除、接地母线拆除、避雷针接地引下线拆除、避雷网拆除按照破坏性拆除考虑外，其余设施均按保护性拆除考虑。

（2）对于本章定额中保护性拆除的设施，当实际拆除为破坏性拆除时，套用定额时乘以系数 0.50。

（3）当接地极拆除、接地母线拆除、避雷针接地引下线拆除、避雷网实际拆除为保护性拆除时，套用定额时乘以系数 1.45。

4．工程案例

【案例 7-1】

某 110kV 变电站进行地网改造，拆除材料见表 7-1。

表 7-1　　设备材料表

序号	设备材料名称	型号及规格	单位	数量
1	避雷带及引下线圆钢	$\phi 16$	m	1000
2	户内均压带	TMY-40×3	m	800
3	电缆沟内均压带	－50×5	m	600

定额直接费计算见表 7-2。

表 7-2　　拆除工程单位工程预算表　　金额单位：元

编制依据	项目名称	单位	数量	拆除单价		拆除合价	
				定额基价	其中人工	费用金额	其中人工
CQ7-11	避雷针接地引下线拆除 沿混凝土结构（高度 m）	100m	10.000	218.13	200.08	2181	2001
CQ7-10	户内接地母线拆除 户内铜排	100m	8.000	404.31	339.68	3234	2717
CQ7-9	户内接地母线拆除 户内型钢	100m	6.000	311.48	231.41	1869	1388
	小计					7285	6107

注　电缆沟内均压带拆除应执行户内接地母线拆除定额。

第8章 换流站设备

一、主要内容及范围

本章包括：±800kV及以下换流站中，阀厅内设备晶闸管整流阀塔、阀避雷器/阀桥避雷器、极线电流测量装置、接地开关、高压直流穿墙套管、中性点设备的拆除；换流变压器本体和附件拆除；交流滤波装置中交流噪声滤波电容器塔、交流噪声滤波电容器、交流滤波电容器塔、交流滤波低压设备的拆除；直流配电装置中直流隔离开关、直流断路器、直流分压器、直流避雷器、直流电流测量装置、直流噪声滤波器、直流电抗器、直流电容器、直流滤波器的拆除；阀冷却系统中设备、管道及附件的拆除。分为5个小节，共119个子目。

二、未包括内容

（1）设备拆除均不包括基础槽钢或角钢的拆除，设备支架及防雨罩的拆除，金属平台和爬梯的拆除。如实际发生，执行本册第5章相关定额或建筑修缮预算定额。

（2）设备拆除均不包括本体电缆拆除。如实际发生，执行本册第6章相关定额。

（3）设备拆除均不包含随设备供货的端子箱、控制柜的拆除。如实际发生，执行本册第4章相关定额。

三、2015版较2010版定额的主要变化

本章拆除定额是在2010版拆除定额的基础上，新增加的±800kV及以下电压等级换流站设备拆除部分，包括换流站阀厅设备、换流变压器、交流滤波装置、直流配电装置和阀厅冷却系统等交直流电气设备的拆除。

四、定额使用说明

第1节　阀厅设备拆除

1．工作内容

（1）本章定额中的阀厅设备拆除，包括晶闸管整流阀塔、阀避雷器/阀桥避雷器、极线电流测量装置、接地开关、高压直流穿墙套管、中性点设备（直流避雷器、直流分压器、电流测量装置和穿墙套管等）的拆除。

（2）阀厅设备的拆除，包括本体附件的拆除、本体拆除、底座和接地的拆除等。

2．工程量计算规则

（1）本章定额中，晶闸管整流阀塔的拆除，包括了阀塔内 PVDF 冷却水管的拆除，阀塔配套光缆和光纤电缆槽盒的拆除。晶闸管整流阀塔拆除，以“组”为计量单位。

（2）晶闸管整流阀塔拆除，以“组”为计量单位。

（3）阀避雷器/阀桥避雷器拆除，以“台”为计量单位。

（4）极线电流测量装置拆除，以“台”为计量单位。

（5）阀厅内接地开关拆除，以“台”为计量单位。

（6）高压直流穿墙套管拆除，以“个”为计量单位。

（7）中性点设备（直流避雷器/直流分压器/电流测量装置/接地开关）拆除，以“台”为计量单位。中性点设备（穿墙套管）拆除，以“个”为计量单位。

（8）阀厅设备极线电流测量装置拆除按悬挂式编制，若实际为支撑式，定额乘以系数 0.80。

3．定额调整说明.

（1）晶闸管整流阀塔包括了国内换流站主流的 120kV 四重阀、400kV 5 寸阀和 6 寸阀、500kV 二重阀和四重阀、800kV 5 寸阀和 6 寸阀等类型阀塔。

（2）阀厅设备间的导线连接拆除，执行本册相关定额。

（3）阀厅内各电压等级的绝缘子拆除，执行本册相关定额。

（4）阀避雷器/阀桥避雷器、极线电流测量装置的拆除，包括了设备本体至VBE（阀基电子屏）的光缆槽盒和光缆的拆除。

4．其他说明

设备拆除指保护性拆除，当实际拆除为破坏性拆除时，定额乘以系数0.50。

第2节 换流变压器和附件拆除

1．工作内容

（1）本章定额中的换流变压器本体和附件拆除，包括换流变压器本体，换流变压器网侧套管、阀侧套管、油枕、散热器和分接开关等附件的拆除。

（2）换流变压器附件的拆除，考虑了主要附件网侧套管、阀侧套管、油枕、散热器和分接开关的拆除。

2．工程量计算规则

（1）换流变压器包括了国内换流站主流的200、400、500、600kV和800kV电压等级的换流变压器，以“台”为计量单位。

（2）换流变压器本体的拆除，套管、油枕、分接开关等附件的拆除，以对应的换流变压器“台”为计量单位。

3．定额调整说明

（1）换流变压器的拆除，只包含拆除时的放油工作。拆除后的换流变压器若因防止绕组受潮或便于保存等原因需要进行绝缘油注油，执行本册相关定额。

（2）换流变压器附件散热器的拆除，按500kV及以下换流变压器的散热器拆除考虑，若发生500kV以上换流变压器散热器的拆除，乘以系数1.50。

（3）换流变压器的拆除，不包括换流变压器设备本体至汇控柜之间的电缆拆除。

（4）换流变压器在线监测装置的拆除，执行本册第 4 章相关定额。

（5）换流变压器分接开关在线净油装置的拆除，执行本册第 1 章相关定额。

4．其他说明

（1）设备拆除指保护性拆除，当实际拆除为破坏性拆除时，定额乘以系数 0.50。

（2）换流变压器和附件的拆除，若发生从当前位置到指定拆除位置的转运工作，此部分工作量，另计相关转运费用。

第 3 节　交流滤波装置拆除

1．工作内容

（1）本章定额中交流滤波装置拆除，包括中交流噪声滤波电容器塔、交流噪声滤波电容器、交流滤波电容器塔和交流滤波低压设备的拆除。

（2）交流滤波装置的设备拆除，包括本体附件的拆除、本体拆除、底座拆除和设备接地拆除等工作。

2．工程量计算规则

（1）交流噪声滤波电容器塔拆除，交流噪声滤波电容器拆除，都是以“组/三相”为计量单位，三相为一组。

（2）交流噪声滤波电容器塔拆除，以“组/三相”为计量单位，三相为一组。

（3）交流噪声滤波电容器拆除，以“组/三相”为计量单位，三相为一组。

（4）交流滤波电容器塔拆除，以“座”为计量单位。

（5）交流滤波低压设备拆除，以“台”为计量单位。

3．定额调整说明

（1）交流滤波电容器塔的拆除，综合考虑了5层、9层、13层各形式的交流滤波电容器塔的拆除，使用时不再做调整。

（2）交流滤波电阻箱定额以台/相为单位，每台/相按单柱双层叠放考虑。如实际为单柱单层，定额乘以系数0.60；如实际为双柱双层，定额乘以系数2.0。

4．其他说明

设备拆除指保护性拆除，当实际拆除为破坏性拆除时，定额乘以系数0.50。

第4节　直流配电装置拆除

1．工作内容

（1）本章定额中直流配电装置的拆除，包括直流隔离开关、直流断路器、直流分压器、直流避雷器、直流电流测量装置、直流噪声滤波器、直流电抗器、直流电容器、直流滤波器的拆除。

（2）直流配电装置的设备拆除，包括本体拆除、附件拆除、底座拆除和设备接地拆除等工作。

2．工程量计算规则

（1）直流隔离开关拆除，以“台”为计量单位。

（2）直流断路器拆除，以“台”为计量单位。

（3）直流分压器拆除，以“台”为计量单位。

（4）直流避雷器拆除，以“台”为计量单位。

（5）直流电流测量装置拆除，以“台”为计量单位。

（6）直流噪声滤波器拆除，以“台”为计量单位。

（7）直流电抗器拆除，以“台”为计量单位。

（8）直流电容器拆除，以“台”为计量单位。

（9）直流滤波器拆除，以“台”为计量单位。

3．定额调整说明

（1）本章所涉及直流场设备（如直流断路器装置、直流隔离开关、直流电流测量装置、直流避雷器、直流分压器等）如出现±600kV和±200kV电压等级设备，则按上一定额等级乘以系数0.80。

（2）500kV直流滤波电容器塔（支撑式）定额按15层编制，25层以内的滤波电容器塔定额乘以系数1.60。800kV直流滤波电容器塔定额按30层编制，定额仅包括电容器塔内设备的拆除，塔外设备和设备连线另套用本册定额相应子目。

（3）50kV以内的直流避雷器按并列六柱编制，每增减一柱按系数0.10进行增减调整。

（4）直流隔离开关拆除，综合考虑了双柱、三柱、不带接地、带接地各种形式的直流隔离开关拆除，使用时不再做调整。

（5）直流断路器均按双断口考虑，如为四断口，则按同电压等级双断口定额乘以系数1.60。

（6）直流断路器装置，每套分别包括断路器、电容器组、电抗器、避雷器等，其拆除按整体拆除考虑。如果发生装置内的断路器、电容器组、电抗器和避雷器等单独拆除，乘系数0.30。

（7）直流场设备（如直流断路器装置、直流隔离开关、直流电流测量装置、直流避雷器、直流分压器等）如出现±600kV和±200kV电压等级设备，则按上一定额等级乘以系数0.80。

（8）直流场设备安装在户内时，其拆除定额人工乘以系数1.30。

（9）干式平波电抗器定额按单台编制，如实际为两台叠放乘以系数1.25。

（10）油浸式平波电抗器备用相拆除，按同电压同容量油浸式平波电抗器定额人工乘以系数0.80，定额材机乘以系数0.95。

4．其他说明

（1）设备拆除指保护性拆除，当实际拆除为破坏性拆除时，定额乘以系数 0.50。

（2）油浸式平波电抗器拆除，若发生从当前位置到指定拆除位置的转运工作，此部分工作量另计相关转运费用。

第 5 节　阀冷却系统拆除

1．工作内容

本章定额中阀冷却系统拆除，指阀厅冷却系统拆除，包括冷却系统的主水管道、水泵、冷却塔、水处理装置和仪器仪表等附件的拆除。

2．工程量计算规则

（1）水泵拆除，以“台”为计量单位。

（2）水冷系统配件拆除，以“台”为计量单位。

（3）冷却塔拆除，以“台”为计量单位。

（4）水处理装置拆除，以“套”为计量单位。

（5）工业水泵拆除和工业水泵出水过滤器拆除，以“台”为计量单位。

（6）主水管道拆除，以“100m”为计量单位。

（7）仪器、仪表等附件拆除，以“个”为计量单位。

3．定额调整说明

（1）冷却系统中的过滤器、离子交换器、膨胀罐、脱气罐、补水箱、高位水箱、除氧加压装置、喷淋泵出水过滤器拆除，在水冷系统配件拆除的定额子目中综合考虑。

（2）冷却系统中的超滤装置、反渗透装置、清洗装置、砂滤装置、加药装置的拆除，在水处理装置拆除的定额子目中综合考虑。

（3）冷却系统中变频器、软启动器、电加热器、传感器的拆除，在水冷系统仪器拆除定额子目中综合考虑。

（4）冷却系统中温湿度表、压力表、流量表、液位表、压差表、氧含量表、电导率表、pH 值表等各种表计的拆除，在水冷系统表计拆除的定额子目中综合考虑。

（5）冷却系统中各种电缆、光纤等线缆的拆除，执行本册第 6 章相关定额。

4．其他说明

本章定额中设备拆除指保护性拆除，当实际拆除为破坏性拆除时，定额乘以系数 0.50。

5．工程案例

【案例 8-1】

某±500kV 换流站发生一台换流变压器设备故障，需要对换流变压器停运后，进行现场拆除处理。发生工作量：拆除换流变压器本体，拆除本体控制电缆 5km，拆除换流变压器控制箱一台，拆除换流变压器钢结构巡视走道 5t。

定额直接费计算见表 8-1。

表 8-1　　拆除工程单位工程预算表　　金额单位：元

编制依据	项目名称	单位	数量	拆除单价		拆除合价	
				定额基价	其中人工	费用金额	其中人工
CQ8-41	换流变压器本体拆除 600kV 单相双绕组容量（kVA）300000	台	1.000	33410.49	11375.88	33410	11376
CQ6-22	电缆拆除截面积（mm^2 以内）10	100m	50.000	123.20	110.13	6160	5507
CQ4-2	控制保护屏拆除 户外端子箱	台	1.000	34.70	26.01	35	26
CQ5-35	铁构件拆除 一般铁构件	t	5.000	908.25	482.59	4541	2413
	小计					44146	19321

第二册 输电线路工程

册说明

《电网拆除工程预算定额使用指南　第二册输电线路工程》（2015年版）（简称本指南）是《电网拆除工程预算定额　第二册输电线路工程》（2015年版）（简称2015年版预算定额）的配套用书，本指南是介绍2015年版预算定额的修编思路和指导技术经济工作者使用。

一、2015年版拆除架空线路预算定额的适用范围

（1）2015年版预算定额的适用于0.4kV（含220V）～1000kV交流电力架空线路工程、±800kV及以下直流电力架空线路和1kV（含220/380V）～500kV电力电缆线路拆除工程。

（2）2015年版预算定额是编制工程概预算的依据，也是编制最高投标限价、投标报价和工程结算的基础依据。

二、2015年版拆除架空线路预算定额的编制基础及主要依据

随着技术、方法和效率的不断变化，新设备、新材料、新技术、新工艺、新规范、新标准实施，需要对2010版定额进行适应性调整，2015年版预算定额以《电网技术改造预算定额（输电线路工程）》（2010年版）、《20kV及以下配电网工程预算定额（架空线路工程）》（2009年版）、《20kV及以下配电网工程预算定额（电缆线路工程）》（2009年版）、《电力建设工程预算定额第四册送电线路工程》（2013年版）为基础修编的。

根据国家、行业和有关部门发布的设计标准、技术规程、规范、质量评定标准和安全技术操作规程，按正常的施工条件及合理的施工组织设计进行编制。本次编制共引用中华人民共和国国家标准6项、中华人民共和国电力行业标准14项，参考电力企业标准19项。

1．国家标准

（1）GB 50173—2014　电气装置安装工程 35kV 及以下架空电力线路施工及验收规范

（2）GB 50217—2007　电力工程电缆设计规范

（3）GB 50389—2006　750kV 架空送电线路施工及验收规范

（4）GB 50168—2006　电气装置安装工程电缆线路施工及验收规范

（5）GB 50169—2006　电气装置安装工程接地装置施工及验收规范

（6）GB 50233—2005　110～500kV 架空送电线路施工及验收规范

2．行业标准

（1）DL 5009.2—2013　电力建设安全工作规程　第 2 部分：架空电力线路

（2）DL 409—1991　电业安全工作规程（电力线路部分）

（3）DL 453—1991　高压充油电缆施工工艺规程

（4）DL/T 5076—2008　220kV 及以下架空送电线路勘测技术规程

（5）DL/T 899—2012　架空线路杆塔结构荷载试验

（6）DL/T 5342—2006　750kV 架空送电线路铁塔组立施工工艺导则

（7）DL/T 5343—2006　750kV 架空送电线路张力架线施工工艺导则

（8）DL/T 5219—2014　架空输电线路基础设计技术规定

（9）DL/T 5220—2005　10kV 及以下架空配电线路设计技术规定

（10）DL/T 5221—2005　城市电力电缆线路设计技术

规定

（11）DL/T 599—2005　城市中低压配电网改造技术导则

（12）DL/T 5154—2012　架空送电线路钢管塔结构设计技术规定

（13）DL/T 5130—2001　架空送电线路钢管杆设计技术规定

（14）SDJ 277—1990　架空电力线路内爆压接施工工艺规程（试行）

3．企业标准

（1）Q/GDW 260—2009　±800kV 架空输电线路张力架线施工工艺导则

（2）Q/GDW 262—2009　±800kV 架空输电线路铁塔组立施工工艺导则

（3）Q/GDW 296—2009　±800kV 架空输电线路设计技术规程

（4）Q/GDW 298—2009　1000kV 交流架空输电线路勘测技术规程

（5）Q/GDW 371—2009　10（6）kV～500kV 电缆线路技术标准

（6）Q/GDW 169—2008　油浸式变压器（电抗器）状态评价导则

（7）Q/GDW 173—2008　架空输电线路状态评价导则

（8）Q/GDW 174—2008　架空输电线路状态检修导则

（9）Q/GDW 178—2008　1000kV 交流架空输电线路设计暂行技术规定

（10）Q/GDW 225—2008　±800kV 架空输电线路施工及验收规范

（11）Q/GDW 226—2008　±800kV 架空送电线路施工

质量检验及评定规程

（12）Q/GDW 163—2007　1000kV 架空送电线路施工质量检验及评定规程

（13）Q/GDW 153—2006　1000kV 架空送电线路施工及验收规范

（14）Q/GDW 154—2006　1000kV 架空送电线路张力架线施工工艺导则

（15）Q/GDW 155—2006　1000kV 架空送电线路铁塔组立施工工艺导则

（16）Q/GDW 125—2005　国家电力公司企业标准县城电网建设与改造技术导则

（17）Q/GDW 115—2004　750kV 架空送电线路施工及验收规范

（18）Q/CSG 10017.1—2007　110kV～500kV 送变电工程质量检验及评级标准　第一部分　送电工程

（19）Q/CSG 1007—2004　电气设备预防性试验规程

4．2015 年版拆除架空线路预算定额的主要内容

2015 年版电网拆除输电线路工程预算定额共分 6 章，分别为基础拆除工程、杆塔拆除工程、导地线拆除工程、附件拆除工程、20kV 及以下杆上设备拆除、电缆拆除工程。新增了特高压交直流架空线路、500kV 电缆线路、配电网线路等拆除内容。

5．2015 年版拆除架空线路预算定额的未包括内容

（1）拆除的杆塔、线材、金具、电缆从现场运至指定仓库的运输工作，按实际发生量套用《电网技改工程预算定额》相关子目。

（2）拆除设备的修复。

（3）为了保证安全生产在拆除时所临时采取的措施及有关的设施费用。

6．其他说明

（1）输电线路拆除工程综合考虑了地形因素，使用时不另做调整。

（2）对同一定额子目出现两种及以上调整系数时，除各章节另有规定外，一律按增加系数累加计算。

（3）本册定额中的拆除工作均包含了拆除后的材料统一集中到拆除地点现场堆放点的施工场内运输。而所拆除的设备、材料自拆除地点现场堆放地运至生产运营单位指定的统一储备仓库所发生的运输及装卸费用，则根据实际运输方式和运输方案执行《电网技术改造工程预算定额》，费用计入其他费中拆除物返库运输费项目中。

（4）定额中基础拆除工程、分段式双杆拆除、拉线拆除按破坏性拆除考虑；其余除另有说明的均按保护性拆除考虑，如实际为破坏性拆除，则定额乘以调整系数0.56。保护性拆除指拆除后主要材料可进行重复使用或利用的拆除工程，拆除后的材料是否可重新利用由相关质检部门检测、评估后确定。本定额未考虑拆除后的材料鉴定费用。破坏性拆除指拆除后的主要材料不进行重复使用或利用而作为废品处理的拆除工程。

（5）定额中不按电压等级划分的项目均适用于各种电压；按电压等级划分的项目，除20kV电压等级执行10kV电压等级外，套用相应上一级电压的定额。如实际遇到66kV电压等级时，执行110kV电压等级相应定额。

（6）遇不同电压等级的直流输电线路时，可按上一级电压等级的交流线路定额套用。

（7）预算定额中凡标明“××以内”或“××以下”字样者均包括“××”本身，凡标明“××以外”或“××以上”字样者均不包括“××”本身。

第1章　基础拆除工程

一、主要内容及范围

1．内容包括

杆塔基础、护坡（挡土墙、排洪沟）的拆除

2．未包括工作内容：

基础拆除后回填不足时需另购的填充物的购置费用。

二、2015版预算定额与2010年版预算定额相比的变化

2010版定额基础混凝土拆除按基础体积划分，现定额综合了基础体积。

三、主要说明

定额中包含土方开挖、回填，现场清理的工作量及20m以内的移运，如需外运则套用《电网技术改造工程预算定额（2015年版本）　第三册　输电线路工程》工地运输子目。

第1节　杆塔基础拆除

1．工作内容

土方开挖，基础拆除，土渣清理及20m内的短距离移运，回填，场地整理，工器具转移。

2．工程量计算规则

基础混凝土拆除以"m^3"为计量单位。

3．相关使用说明

杆塔基础拆除已综合考虑预制桩基础、现浇基础、桩基础等特点，使用定额时不需另行换算。

第2节　护坡、挡土墙及排洪沟拆除

1．工作内容

土方开挖，排水沟、挡土墙、护坡的拆除，土渣清理及

20m 内的短距离移运，回填，场地整理，工器具转移。

2．工程量计算规则

排洪沟、护坡、挡土墙的拆除以“m^3”为计量单位。

3．相关使用说明

排洪沟、护坡、挡土墙浆砌时按钢筋混凝土定额乘以系数 0.6，干砌时乘以系数 0.3。

4．工程案例

某浆砌挡土墙拆除，计算该挡土墙拆除定额调整系数。

分析：该挡土墙为浆砌，定额选取钢筋混凝土挡土墙拆除定额 CX1-2；定额子目涉及调整系数一种，浆砌调整系数，定额乘以系数 0.6。定额调整结果见表 1-1。

表 1-1　　定额调整结果　　单位：元

定额编号	项目名称	单位	基价	人工费	材料费	机械费
CX1-2	挡土墙拆除 钢筋混凝土	m^3	34.23	26.33	1.44	6.46
（调）CX1-2×0.6	挡土墙拆除 钢筋混凝土	m^3	20.54	15.80	0.86	3.88

第 2 章　杆、塔拆除工程

一、主要内容及范围

混凝土杆拆除，混凝土杆钢环圈切割，钢管杆拆除，铁塔拆除，拉线拆除、铁塔附属设施拆除、混凝土杆横担拆除。

二、2015 版预算定额与 2010 年版预算定额相比的变化

2010 版定额铁塔拆除按每基重量以“基”为单位，现定额是按铁塔全高划分以“t”为单位。

第 1 节　混凝土杆拆除

1．工作内容

工器具准备及转移、混凝土杆拆除、场地清理。

2．工程量计算规则

（1）整根式混凝土杆拆除分为单杆、双杆不分杆高，定额以“基”为计量单位。

（2）分段式混凝土杆拆除分为单杆、双杆不分杆重，定额以“基”为计量单位。

3．相关使用说明

（1）定额以整根式和分段式以单双杆形式设置定额子目，已综合考虑了各种电压等级、结构型式、杆高、重量和拆除方法。使用时，不得因电压等级、杆型、施工方法的不同而调整定额。

（2）工程中如有三联杆拆除，套用相应单杆拆除定额乘以系数 2.5。

（3）分段式双杆拆除按破坏性拆除考虑，钢环切割不得计列，仅在考虑到环境要求的设计方案时才按需计列。

（4）木杆和混凝土方杆拆除套用混凝土杆拆除定额子目，木杆按对应混凝土杆定额乘以系数 0.3，混凝土方杆按

对应混凝土杆定额乘以系数2.0。

第2节 混凝土杆钢环圈切割

1．工作内容

杆身支垫，杆身钢环圈连接处切割，工器具转移。

2．工程量计算规则

混凝土杆钢环圈切割以“个”为计量单位。

第3节 钢管杆拆除

1．工作内容

工器具准备及转移，钢管杆拆除，场地清理。

2．工程量计算规则

（1）定额分单杆整根式、单根分段式，按每基重量设置定额子目，以“基”为计量单位。

（2）“每基重量”系指钢管杆杆身自重与横担、螺栓、爬梯等全部杆身组合构件总重量。

3．相关使用说明

定额已综合考虑各种电压等级、结构型式、杆高和施工方法。使用时，不得因电压等级、杆型、拆除方法不同而调整定额。

第4节 铁塔拆除

1．工作内容

工器具准备及转移，铁塔拆除，场地清理。

2．工程量计算规则

（1）铁塔拆除按“塔全高”划分子目，以“吨”为计量单位。

（2）塔全高指铁塔最长腿基础顶面至塔头顶的总高度；塔重系指铁塔总重量，铁塔本身所有型钢、连板、螺栓、脚钉、爬梯等重量。

3. 相关使用说明

（1）定额对直线塔与耐张转角塔、自立塔与拉线塔做了综合考虑。

（2）紧凑型铁塔、钢管塔拆除，按相应铁塔拆除定额的人工、机械乘以系数 1.1。

4. 工程案例

某钢管塔拆除，塔全高 46m，计算拆除该钢管塔定额调整系数。

分析：根据塔高 46m＜50m，定额选取铁塔拆除定额 CX2－25；定额子目涉及调整系数一种，钢管塔定额调整系数，铁塔定额人工、机械乘以系数 1.1。定额调整结果见表 2-1。

表 2-1　　定额调整结果　　单位：元

定额编号	项目名称	单位	基价	人工费	材料费	机械费
CX2-25	铁塔拆除　塔全高 50m 以下	t	280.62	227.39	3.10	50.13
（调）CX2-25（R，J×1.1）	铁塔拆除　塔全高 50m 以下	t	308.37	250.13	3.10	55.14

第 5 节　拉线拆除

1. 工作内容

工器具准备及转移，拉线拆除，场地清理。

2. 工程量计算规则

定额不分楔型线夹式和压接式，不分拉线截面以“根”为单位。

3. 相关使用说明

（1）定额对不同材质和规格已做了综合考虑，适用于单根拉线拆除；若拆除“V”形、“Y”形或双拼拉线时，应按

2 根计算；其他情况不做调整。

（2）拉线拆除定额是按破坏性拆除考虑的。

第 6 节　杆塔附属设施拆除

1．工作内容

工器具准备及转移，附属设施拆除，现场清理。

2．工程量计算规则

铁塔附属设施拆除以“t”为计量单位。

3．相关使用说明

铁塔附属设施拆除包括防坠落装置、休息平台、接地环、杆号牌、相序牌、标示牌、防鸟装置、局部塔材（如塔头、横担等）等的拆除。

第 7 节　混凝土杆横担拆除

1．工作内容

工器具准备及转移，横担拆除，场地清理。

2．工程量计算规则

混凝土杆横担拆除定额按照铁、木横担和瓷横担以及进户线横担拆除设置定额子目，铁、木横担和瓷横担拆除定额以“组”为计量单位，进户线横担拆除定额以“根”为计量单位。

3．相关使用说明

（1）定额已综合考虑了混凝土杆横担和进户线横担单、双及相数，使用时，不得因实际情况不同而调整定额。

（2）定额中拆除费用计算按照单杆横担计算，双杆横担拆除时按照单杆横担定额乘以 1.8 系数。35kV 混凝土杆横担：单杆按照单杆横担定额乘以 1.5 系数；双杆按照单杆横担定额乘以 2.5 系数。

第3章　导、地线拆除工程

一、主要内容及范围

OPGW、导线、避雷线拆除，OPGW、导线、避雷线跨越架设，耦合屏蔽线拆除，拦河线拆除。

二、2015版预算定额与2010年版预算定额相比的变化

（1）增加截面50mm^{2}以下导线、裸铝绞线、绝缘铜绞线、绝缘铝绞线、低压导线、集束导线、进户线拆除内容。

（2）牵、张场地建设中场地平整和钢板铺设将OPGW合并于单导线定额子目，多分裂导线归并为“四分裂以内导线”和“四分裂以上导线”场地平整和钢板铺设子目。

（3）耦合屏蔽线拆除，按照屏蔽线的根数分为单根和双根，两个子目。

（4）拦河线拆除取消按照河流宽度划分子目，归并为一个子目。

（5）取消张力拆除钢绞线子目，张力拆除将OPGW合并于单导线良导体定额子目，双分裂张力拆除6个子目归并为张力拆除“2×500mm^{2}以内、2×500mm^{2}以上”两个定额子目；四分裂张力拆除5个子目归并为张力拆除“4×500mm^{2}以内、4×500mm^{2}以上”两个定额子目；六分裂张力拆除5个子目归并为张力拆除“6×500mm^{2}以内、6×500mm^{2}以上”两个定额子目，补充八分裂张力拆除“8×500mm^{2}以内、8×500mm^{2}以上”两个定额子目。

（6）耐张、转角塔导线拆开补充了10kV及以下、110kV双分裂、1000kV四分裂、1000kV六分裂、1000kV八分裂拆除定额子目。

（7）OPGW、导线、避雷线拆除跨越架设：增加了10、1000kV跨越铁路、一般公路、高速公路、高压低压电力线、

弱电线的定额；取消了按导线截面分设跨越河流子目，改为按河道宽度设立子目。

三、相关使用说明

1．OPGW、导线、避雷线拆除定额分一般拆除和张力拆除两种，使用时应根据具体实施情况套用。

2．架线通信联络使用的对讲机是按一般常用工器具考虑的，没有计列在机械台班中。

第1节　OPGW、导线、避雷线的拆除

（一）一般避雷线、导线拆除

1．工作内容

拆线准备，人力或机械牵引拆线，信号联络，护线及杆塔监护，解开连接处，撤线，清理现场。

2．工程量计算规则

（1）OPGW、避雷线的拆除以“km”为计量单位。

（2）导线的拆除以“km/三相”为计量单位。

（3）进户线、集束导线的拆除以“100m”为计量单位。

3．相关使用说明

（1）定额中导线是按三相的交流单回线路工程考虑。如遇下列情况时，按相应定额乘以系数调整：

1）两相的直流线路工程可按同型号线材截面的定额乘以系数0.7。

2）同塔拆除双回、多回线路工程和邻近有带电线路架线拆除施工，定额按表3-1系数调整。其中：邻近有带电线路拆线，边线平行接近的控制距离见表3-2。

（2）避雷线拆除单独施工邻近有带电线路，按表3-1参照单回路调整系数。

（3）定额中的导线是按钢芯铝绞线考虑的，若拆除裸铝绞线套按相应或相临截面定额人工乘以系数0.9。

表 3-1　同塔拆除双回、多回线路工程和邻近有带电线路导线拆除系数调整表

序号	同塔拆除回路数	同时拆除			临近带电线路		
		人工	材料	机械	人工	材料	机械
1	一回路	1.00	1	1.00	1.10	1	1.10
2	二回路	1.75	2	1.75	1.92	2	1.92
3	三回路	2.80	3	2.80	3.08	3	3.08
4	四回路	3.90	4	3.90	4.29	4	4.29

表 3-2　邻近带电线路拆除边线平行接近控制距离表

邻近带电线路电压（kV）	35	110	220	330	500	750	1000
接近距离（≤，m）	20	25	30	40	50	70	90

（4）若拆除绝缘铜绞线套相应或相临截面定额人工乘以系数 1.2；若拆除绝缘铝绞线套相应或相临截面定额人工乘以系数 1.05；低压导线拆除以“km”为计量单位，工程量按三相长度折算。

（二）牵、张场场地建设

1．工作内容

牵、张场场地人工平整和场内钢板、道木的铺设，材料及工器具转移。

2．工程量计算规则

（1）区分导线分裂数（OPGW 按单导线论），以建设场地“处”为计量单位计算。其中牵张场地数量按施工设计大纲要求计算，如没有规定，一般情况平均按：导、地线 6km 一处、OPGW 按 4km 一处计算。

（2）导、地线和 OPGW 同时拆除时，牵张场地数量不得重复计列。

（三）张力导、地线拆除

1．工作内容

导引绳，牵引绳的展放，导线、避雷线、光缆撤线准备，打开线夹，导、地线进滑车线，撤线，杆塔监护，设备、工具转移。其中避雷线和光缆还包括附件拆除（不含防振锤）。

2．工程量计算规则

（1）OPGW、避雷线不分型号规格，以架设单根的线路亘长“km”为计量单位。若为两根同塔架设，套用数量×2。

（2）导线拆除不分电压等级，区分不同导线截面及导线分裂数，以线路亘长“km/三相”为计量单位。

（四）耐张、转角塔导线拆开

1．工作内容

现场布置，耐张、转角塔锚固，导线耐张串拆离铁塔，清理现场，工器具移运等。

2．工程量计算规则

耐张、转角塔导线拆开以导线分裂数和电压等级以“组”为计量单位。

第2节　OPGW、导线、避雷线跨越架设

1．工作内容

跨越铁路、一般公路、高速公路（含一级公路）、电力线及弱电线时，跨越线架的搭设、拆除，拆、松线时跨越架的监护；跨越河流时，利用船舶将导、地线（或导引绳、牵引绳）引渡过河，在拆松线时进行分线和监护；材料和工器具移运。

2．工程量计算规则

（1）OPGW、导线、避雷线跨越架设定额计量单位“处”，系指在一个档距内，对一种被跨越物所必须搭设的跨越架而言。如同一档距内跨越多种（或多次）跨越物时，应根据跨

越物种类分别套用定额。

（2）跨越铁路、一般公路、高速公路、低压线及弱电线时按被拆线路的电压等级划分定额，以跨越“处”为单位。

（3）跨越河流定额，以河宽以跨越“处”为计算单位。

（4）跨越河流定额仅适用于有水的河流、湖泊（水库）的跨越。在拆除期间，凡属人能涉水而过的河道，或正值干涸时的河流、湖泊（水库）均不作为跨越河流计。对于水面宽度虽然不大，但属通航河道，必须采取封港手段或水流湍急以及施工难度较大的峡谷，其跨越架设可按审定的施工组织设计，由工程主审部门另行核定。

3. 相关使用说明

（1）OPGW、导线、避雷线拆除跨越架设定额是指拆除线路过程中跨越架的搭设和拆除。

（2）跨越架设定额不包括被跨越物产权部门提出的咨询、监护、路基占用等费用，如需要时可按政府或有关部门的规定另计。

（3）跨越一般公路与高速公路均指双向 4 车道以内的公路，当超出 4 车道时，定额基价乘超宽系数调整：双向 6 车道的超宽系数为 1.2，双向 8 车道的超宽系数为 1.6。

（4）单根线（避雷线、OPGW）跨越架设只适用于单独拆除避雷线、OPGW 时使用，单根 OPGW、避雷线跨越河流按导线跨越河流对应定额的 8%计取。

（5）跨越架设定额按单回路线路拆除考虑，当同塔同时拆除多回路时，执行《电网技术改造工程预算定额 第三册 输电线路工程》第五章架线工程表 5-3 同塔同时架设多回线路工程跨越系数调整表。

4. 工程案例

某双回架空线路拆除，需跨越双向 6 车道高速公路，计算该跨越架搭设定额调整系数。

分析：该跨越架搭设定额子目涉及两种调整系数，分别是双回线路跨越架设定额调整系数，人工、机械调整系数为1.5；道路超宽调整系数，双向6车道调整系数为1.2。两种调整系数的增加系数累加计算。

计算：双回线路跨越架设的人工、机械定额调整系数为1.5，道路双向6车道线路跨越调整系数为1.2则定额人工、机械调整的增加系数为0.5＋0.2＝0.7，所以定额人工、机械调整系数为1.7，计价材料的调整系数为1.2。

第3节　耦合屏蔽线拆除

1．工作内容

拆线准备，人力或机械牵引拆线，信号联络，护线及杆塔监护，耐张串拆除，接地连接线拆除，撤线，清理现场，工器具移运。

2．工程量计算规则

按单、双根屏蔽线划分子目，以拆除耦合屏蔽线的亘长以“km”计量单位。

第4节　拦河线安装

1．工作内容

拦河线（包括电杆、警告牌）拆除，工器具转移。

2．工程量计算规则

定额不分河道宽度以拦河线设置“处”为计量单位，河两边为一处。

3．相关使用说明

拦河线拆除定额中不包括混凝土杆的切割，需要时可套本册定额的第二章杆、塔拆除工程中的“钢环切割”的相应子目。

第4章　附件拆除工程

一、主要内容及范围

包括内容：绝缘子串拆除，导线悬垂线夹拆除，均压环、屏蔽环拆除，防振锤、间隔棒拆除，重锤拆除，阻尼线拆除，阻冰环拆除，耐张塔、转角塔跳线拆除，避雷器、避雷针拆除。

不包括内容：在线监测设备拆除，套用《电网拆除工程预算定额（2015年版）　第三册通信工程》相关定额子目。

二、2015版预算定额与2010年版预算定额相比的变化

（1）增加10kV及以下绝缘子拆除定额子目。

（2）增加1000kV附件拆除相关子目。

（3）35kV及以上直线（直线换位）杆塔绝缘子串拆除不区分结构安装组成形式统一归并为单串和双串两种类型子目。

（4）增加110kV、220kV均压环、屏蔽环拆除定额子目。

（5）补充相间间隔棒拆除定额子目。

三、相关使用说明

（1）邻近有带电线路时，相应定额人工、机械乘以系数1.1，边线平行接近控制距离见第3章表3-2。

（2）耐张（终端、转角）、地线（钢绞线、良导体避雷线和光缆）的绝缘子串拆除及其配套的跳线悬垂串等拆除工作内容已包含于导、地线拆除工程量中。

（3）绝缘子串拆除适用于直线、直线转角及换位杆（塔）的绝缘子串拆除，V形及倒伞形绝缘子串按对应定额的1.75及2.5系数计取。

第1节　绝缘子串拆除

1．工作内容

直线塔的绝缘子串拆除、工器具转移。

2．工程量计算规则

定额按单串和双串区分，分别以“单相”和“支”为计量单位。

3．相关使用说明

（1）计量单位“单相”是指每个单相导线挂线的绝缘子串（组）。

（2）10kV 及以下直线双绝缘子拆除时相应定额人工、机械乘 1.3 系数。

第 2 节　导线悬垂线夹拆除

1．工作内容

缠绕铝包带或缠绕预绞丝线夹拆除，工器具转移。

2．工程量计算规则

导线缠绕铝包带线夹拆除、导线缠绕预绞丝线夹拆除定额按照电压等级、导线分裂数划分子目，以“单相”为计量单位。

3．相关使用说明

（1）导线悬垂线夹拆除有两种，导线缠绕铝包带线夹和导线缠绕预绞丝线夹，实际工程中二者只用其一，不得重复套用。

（2）导线悬垂线夹拆除定额已综合考虑了各种导线的截面面积，套用定额时不得因导线截面的不同而调整定额。

第 3 节　均压环、屏蔽环拆除

1．工作内容

均压环、屏蔽环拆除，工器具转移。

2．工程量计算规则

均压环、屏蔽环拆除定额按照电压等级、直线杆塔、耐张杆塔，以“单相”为计量单位。

第 4 节　防振锤、间隔棒拆除

1．工作内容

防振锤、间隔棒、相间间隔棒拆除，工器具转移。

2．工程量计算规则

（1）防振锤、间隔棒拆除定额区分导线分裂数，以“个”为计量单位。

（2）相间间隔棒拆除定额按照电压等级划分子目，以“组/三相”为计量单位。

3．相关使用说明

相间防舞动间隔棒拆除执行“相间间隔棒拆除”相应电压等级定额和“重锤拆除”相应定额。

第 5 节　重锤拆除

1．工作内容

重锤拆除，工器具转移。

2．工程量计算规则

重锤拆除定额区分重锤重量，以“单相”为计量单位。

第 6 节　阻尼线拆除

1．工作内容

阻尼线拆除，工器具转移。

2．工程量计算规则

定额不区分导线截面按导线分裂数划分，以“单相”为计量单位。

3．相关使用说明

（1）阻尼线拆除是按一般情况考虑。采用超长阻尼线（每相扎花边 13 个以上）时，其人工、机械按相应的定额乘

DE

以系数 3.0。

（2）避雷线、OPGW 的阻尼线拆除套用单导线定额。

4．工程案例

某线路更换 OPGW，拆除 OPGW 阻尼线，已知该 OPGW 采用超长阻尼线，试说明拆除该阻尼线定额套用及定额子目调整系数。

分析：OPGW 的阻尼线拆除套用阻尼线单导线定额子目，选取定额子目 CX4-74；由于该 OPGW 采用超长阻尼线，定额子目人工、机械乘以系数 3.0。定额调整见表 4-1。

表 4-1　　定额调整结果　　单位：元

定额编号	项目名称	单位	基价	人工费	材料费	机械费
CX4-74	阻尼线拆除（单导线）	单相	60.64	45.50		15.14
（调） CX4-74 （R，J×3）	阻尼线拆除（单导线）	单相	181.92	136.50		45.42

第 7 节　阻冰环拆除

1．工作内容

阻冰环拆除，工器具转移。

2．工程量计算规则

不按分裂导线数区分，以“100 个”为计量单位。

第 8 节　耐张塔、转角塔跳线拆除

1．工作内容

跳线绝缘子串及跳线拆除，现场工器具整理，转移。

2．工程量计算规则

跳线拆除定额按电压等级、导线分裂数划分子目，以“单相”为计量单位。

第 9 节　避雷器、避雷针拆除

1. 工作内容

现场布置，解引线，避雷器、避雷针拆除，工器具转移，清理现场。

2. 工程量计算规则

（1）避雷器拆除以“组/三相”为计量单位。

（2）避雷针拆除以“支”为计量单位。

第 5 章　20kV 及以下杆上设备拆除

一、主要内容及范围

本章定额包括变压器拆除，杆上配电装置拆除。

二、2015 版预算定额与 2010 年版预算定额相比的变化

本章定额为新增内容：

（1）增加了变压器拆除定额子目。

（2）增加了杆上配电装置拆除定额子目。

三、主要说明

非晶式变压器的拆除可套用相应容量杆上油浸式变压器拆除定额。

第 1 节　变压器拆除

1．工作内容

工器具准备，变压器引线拆除，配电变压器台架拆除，本体搬移，工器具移运，清理现场。

2．工程量计算规则

杆上变压器拆除按照变压器容量、电源相数分类，以“台”为计量单位。

第 2 节　杆上配电装置拆除

1．工作内容

工器具准备，配电装置引线本体，支架拆除，工器具移运，清理现场。

2．工程量计算规则

（1）跌落式熔断器、隔离开关拆除，以“组”为计量单位，三相为一组。

（2）断路器、配电箱、负荷开关、变压器综合监测仪、

低压无功补偿装置、户外计量箱、电压互感器、电流互感器拆除，以“台”为计量单位。

（3）线路故障指示器拆除以“只”为计量单位。

第 6 章　电缆拆除工程

一、主要内容及范围

本章包括：电缆本体拆除，电缆中间接头、终端拆除，电缆附属工程拆除。

本章不包括：电缆沟、电缆排管、隧道、塞止井等土建部分的拆除。

二、2015 版预算定额与 2010 年版预算定额相比的变化

（1）增加 1kV、10kV 和 500kV 电压等级电缆拆除定额子目。

（2）增加了电缆配套设备的高低压电缆分支箱拆除定额子目。

（3）取消电缆保护管拆除定额子目。

三、相关使用说明

20kV 电压等级套用 10kV 电压等级子目。

第 1 节　电缆本体拆除

1．工作内容

核对路径，清理沟槽，疏通管道，泵水，解开固定，安装牵引头，放、收钢丝绳，回收电缆、缠盘，现场清理，工器具转移。

2．工程量计算规则

电缆本体拆除按电缆实际长度为计算依据，1kV 电缆本体拆除定额以“100m”为计量单位，10 千伏及以上电缆本体拆除定额以“100m/三相”为计量单位。

3．相关使用说明

（1）电缆按铜芯电缆考虑，若为铝芯，按相应截面铜芯电缆定额人工乘以 0.7 的系数。

（2）1kV 电缆拆除定额已综合考虑 4 芯、5 芯，实际芯数不同时，定额不做调整，套用定额时按相线截面面积执行。

（3）10、35kV 电缆是按一根三芯统包考虑，110kV～500kV 电缆按一根单芯考虑。10kV～35kV 单芯电缆在套用定额时，采用相同截面的定额乘以 2.0 系数。

（4）国外相近类型电力电缆安装可参照使用。700、845mm^2 电缆均套用 800mm^2 定额。

（5）电缆本体拆除按保护性拆除考虑，如实际破坏性拆除则定额乘以 0.56 系数。（保护性拆除指拆除后主要材料可进行重复使用或利用的拆除工程；破坏性拆除指拆除后的主要材料不进行重复使用或利用而作为废品处理的拆除工程）

4．工程案例

【案例 6-1】

拆除电缆沟内敷设 1kV 电缆线路 100m。此线路采用 VLV_{22}－0.6/1kV－3×95＋2×50mm^2 铝芯聚氯乙烯绝缘电缆，问电缆拆除定额套用及调整情况。

分析：根据电缆电压等级及截面面积，定额选取 CX6-8；电缆材质为铝芯，定额涉及一种调整系数，按照铜芯电缆定额人工乘以 0.7 的系数。定额调整结果见表 6-1。

表 6-1 定额调整结果 单位：元

定额号	项目名称	单位	基价	人工费	材料费	机械费
CX6-8	电缆沟（隧）道内（mm^2）120 以下	100m	498.23	221.60	38.11	238.52
CX6-8（调 R×0.7	电缆沟（隧道）内（mm^2）1kV 120 以内	100m	431.75	155.12	38.11	238.52

【案例 6-2】

某电缆沟内 35kV 电缆线路拆除，电缆规格型号为 $YJLV_{22}$-26/35kV-1×300mm^2，采用破坏性拆除，问电缆拆除定额调整情况。

分析：35kV 单芯铝芯电缆破坏性拆除，定额子目涉及三种调整系数，分别是铝芯定额调整系数，定额人工乘以系数0.7；35kV 交联单芯电缆定额调整系数，定额乘以系数 2.0；破坏性拆除定额调整系数，定额乘以 0.56。

人工增加系数＝（－0.3）＋1.0＋（－0.44）＝0.26

材料、机械增加系数＝1.0＋（－0.44）＝0.56

因此，定额的人工调整系数为 1.26，材料、机械的调整系数为 1.56。定额调整情况见表 6-2。

表 6-2　　定 额 调 整 结 果　　单位：元

定额编号	项目名称	单位	基价	人工费	材料费	机械费
CX6-63	35kV 电缆拆除电缆沟内 400mm^2 以下	100m/三相	707.17	346.68	38.76	321.73
CX6-63（调 R×1.26、C×1.56、J×1.56）	35kV 电缆拆除电缆沟内 400mm^2 以下	100m/三相	999.19	436.82	60.47	501.90

第 2 节　电缆中间接头、终端拆除

1．工作内容

解开电缆连接（含接地连接），割断电缆，电缆密封处理，现场清理，工器具转移。

2．工程量计算规则

电缆中间接头、终端拆除分交联电缆中间接头或终端和充油电缆中间接头或终端，按电缆标称截面积分类，以“套/三相”为计量单位。

3．相关使用说明

（1）1kV 电缆本体拆除定额中已综合考虑了电缆中间接头和终端拆除。

（2）电缆中间接头和终端拆除是按破坏性拆除考虑的。

第3节　电缆附属工程拆除

1．电缆配套设备拆除

（1）工作内容。

解开电缆分支箱连接线，分支箱拆除、现场清理，工器具转移。

（2）工程量计算规则。

高压电缆分支箱拆除定额按回路数划分定额子目，以“台”为计量单位；低压电缆分支箱拆除定额，以“台”为计量单位。

（3）相关使用说明。

高压电缆分支箱不足6回路的按6回路套用定额。

2．接地装置拆除

（1）工作内容。

定额内容包括直线接地箱、经护层保护器接地箱、交叉互联箱、单相保护箱子目。接线箱拆除及接地电缆、同轴电缆拆除，场地清理，工器具转移。

（2）工程量计算规则。

直线接地箱、经护层保护器接地箱、交叉互联箱定额以“套/三相”为计量单位，单相保护箱以“套/单相”为计量单位。

（3）相关使用说明。

直线接地箱、经护层保护器接地箱、交叉互联箱拆除定额是按三相考虑的，若为六相，按照相应定额乘以1.64的系数。

3．揭电缆保护板

（1）工作内容。

揭电缆保护板、清理沟槽和现场，工器具转移。

（2）工程量计算规则。

以“100m”为计量单位。

（3）相关使用说明。

保护板是用于直埋电缆，同一沟槽内拆除两根以上电缆的电缆保护板需另套用“CX6-130 同沟每增加 1 根”子目。

4．电缆防火拆除

（1）工作内容。

拆除电缆防火槽盒、防火隔板、防火墙，现场清理，工器具转移。

（2）工程量计算规则。

电缆防火槽拆除以“m”为计量单位。防火隔板、防火墙以“m^2”为计量单位。

（3）相关使用说明。

1）电缆防火槽拆除定额已综合考虑了防火槽的断面尺寸，套用定额时不再调整。

2）防火隔板、防火墙拆除定额已综合考虑了防火隔板、防火墙的厚度，套用定额时不再调整。

第三册 通信工程

册说明

一、2015年版拆除通信预算定额的相关术语

下列术语和定义仅适用于本册定额。

1．光纤同步数字体系（SDH）光传输设备

光纤同步数字体系，是为实现在物理传输网络中传送经适当配置的信息而标准化的数字传输结构体系。它由一些网络单元组成，可在光纤上进行同步信息传输、复用和交叉连接。

2．终端复用器（TM）

终端复用器用在网络的终端站点上，它是一个双端口器件。它的作用是将支路端口的低速信号复用到线路端口的高速信号 STM-N 中，同时将 STM-N 中的信号分接成低速支路信号。线路端口仅输入/输出一路 STM-N 信号，而支路端口却可以输出/输入多路低速支路信号。在将低速支路信号复用进 STM-N 帧（线路）上时，有一个交叉的功能。

3．分插复用器（ADM）

分插复用器用于 SDH 光传输系统网络的转接站点处，例如链路的中间节点或环上节点，是 SDH 网络上使用最多、最重要的一种网元，ADM 有两个线路端口和一个支路端口，ADM 的作用是将低速支路信号交叉复用到线路上去，同时将线路信号分接成低速支路信号，另外还可将两个线路侧的 STM-N 信号进行交叉连接。

4．基本子架及公共单元盘

子架一般分为出线板区、处理板区和风扇区，出线板区可以插各种出线板，定额中的调测基本子架及公共单元盘是指对原有光端机扩容时除新增板卡外所进行的调试。

5．密集型光波复用设备（DWDM）

密集型光波复用是能将不同波长的光波组合在一起，在

一根光纤中，多路复用单个光纤载波的紧密光谱间距，提高光纤利用率，增大传输容量。

6．脉冲编码调制设备（PCM）

脉冲编码调制是将模拟信号（如语音信号）经过抽样、量化和编码三个过程转化为数字信号再传给对方，对接收到的数字信号经过再生、解码和滤波，把数字信号还原为原来的模拟信号的通信技术。PCM 设备具备数据与语音等多业务综合接入功能，在传输中采用并行数字交换技术与灵活的时隙交叉连接技术完成不同流向的业务调度。

7．无源光网络（PON）

无源光网络（PON）即在光线路终端（OLT）和光网络单元（ONU）之间的光分配网（ODN），是一种纯介质网络。无源光网络技术广泛应用于电力系统配网自动化中，E/GPON 以太无源光网络技术，采用点到多点结构、无源光纤传输，在以太网之上提供多种业务。

8．光线路终端（OLT）

OLT 是 PON 光纤网络主站处的终端，属于接入网的业务节点侧设备，与路由器（交换机）相连，主要由业务接口与协议处理模块、光传输模块和后管理模块组合而成。一般放置在中心机房内，是整个 E/GPON 系统的核心设备，提供整个 E/GPON 系统与其他系统的数据业务接口。

9．光网络单元（ONU）

ONU 提供对用户的散出连接。以 EPON 为例，每条 PON 中继线最多可支持 32 次分路和 64 个 ONU。用户与 ONU 的连接可以使用同轴电缆、双绞线、光缆，甚至是无线连接。属于接入网的用户侧设备，负责用户数据的转发及选择性接收 OLT 转发的广播数据，为用户提供电话、数据通信、图像等各种业务接口，主要由业务接口与协议处理模块、光传输模块、电源及环境监控模块组成。

10．配线架

配线架，有时也称分配架，是通信设备间连接的一个重要辅助设备，主要起设备及用户间连接、分配的纽带作用，配线架按功能可细分为光纤配线架、数字配线架、音频配线架、网络配线架。

11．光缆

光缆是一种由单根光纤、多根光纤或光纤束加上外护套制成，满足光学特性、机械特性和环境性能指标要求的缆结构实体。光缆按种类分可分为普通光缆和电力特种光缆。普通光缆按敷设方式不同可分为架空光缆、管道光缆、直埋光缆、水底光缆和海底光缆。电力特种光缆主要为全介质自承式光缆（ADSS 光缆），架空地线复合光缆（OPGW），相线复合光缆（OPPC），光纤复合低压电缆（OPLC）。

12．中继光缆

中继光缆是定额中按用途分类的光缆，是用于传输设备间的中继连接，传输速率≥155Mbit/s，对传输性能指标、传输距离、安装工艺、工程验收、运行维护等要求较高。例如变电站之间、变电站与主站之间连接的 OPGW、ADSS、OPPC 及普通架空和管道光缆等。

13．用户光缆

定额中按用途分类的光缆，是用于用户和用户之间或用户与传输设备之间的业务连接，对传输性能指标、传输距离、安装工艺、工程验收、运行维护等要求相对较低。例如保护继电器与通信光传输设备之间的普通光缆及智能电网中用于信息传送的光缆和办公大楼内用于信息传送的光缆等。

二、2015 年版拆除通信预算定额的适用范围

本定额适用于 0.4～1000kV 电力专用通信网通信设备和通信线路的拆除。

三、2015年版拆除通信预算定额的编制基础及主要依据

本定额是根据国家和国家有关部门发布的设计标准、技术规程、规范、质量评定标准和安全技术操作规程以及相关的作业指导书，按通信拆除工程的施工条件及施工组织设计进行编制的。

四、2015年版拆除通信预算定额的编制原则

拆除工程是指对原有工艺系统的设备及附属系统进行部件拆除、清理，使之恢复原有功能或实现新增指标功能。

（1）在费用项目和内容上充分考虑了现行的国家相关法律、法规、国家各行政主管部门的行政规章。

（2）在编制原则和项目划分方面，充分考虑了项目管理模式和招投标工作模式。

（3）在此基础上，结合当前电力体制下，电网拆除工程参建各方在工程过程中所承担的职责、任务以及各种类型项目管理模式的不同特点，对各项内容进行了认真调研和反复推敲、测算，设置了电网拆除工程的基本框架和内容，并且按照国家和电力行业规定的标准格式，在内容编排上进行了统一规范，体现了拆除工程预算编制体系的适用性和时效性。

（4）本定额是按国内大多数施工企业采用的施工方法、机械化程度和合理劳动组织进行制定的。

（5）定额考虑的施工条件。

1）按照拆除工程合理的施工组织设计、机械配备以及合理的工期与正常的工作条件制订。

2）正常的气候、地理条件和工作环境。

五、2015年版拆除通信预算定额的主要内容

本册内容包括通信设备拆除一个章节，共68条定额子目。定额内容包括总说明、册说明、章节说明、定额项目表等。

六、2015 年版拆除通信预算定额的未包括内容

（1）管道支架、电缆桥架等金属构件的拆除，使用时套用《电网拆除工程预算定额　第一册　电气工程》相关定额子目。

（2）通信设备混凝土基础的拆除，使用时套用《电网拆除工程预算定额　第二册　输电线路工程》相关定额子目。

（3）土石方工程、工地运输，使用时套用《电网拆除工程预算定额　第二册　输电线路工程》相关定额子目。

（4）OPGW（光纤复合架空地线）光缆拆除，使用时套用《电网拆除工程预算定额　第二册　输电线路工程》相关定额子目。

（5）为了保证安全生产和符合环保要求而在拆除工程中所采取的措施所发生的费用，使用时套用《电网技术改造工程预算编制与计算规定》相关子目。

七、其他说明

（1）设备拆除已包括与其相连线缆的拆除。

（2）定额中设备、线路拆除指保护性拆除，当实际拆除为破坏性拆除时，定额乘系数 0.5。微波天线拆除不论保护性拆除或破坏性拆除，定额均不做调整。

（3）当设备仅拆除部分配件时，定额乘系数 0.2。

第1章　通信设备拆除

一、主要内容及范围

本章包括光传输设备拆除，同步网设备拆除，通信电源拆除，微波设备拆除，电力载波设备拆除，辅助设备拆除，程控交换设备拆除，视频监控设备拆除，输电线路监测装置拆除，变电设备监测装置拆除，电力围栏拆除，门禁系统拆除，会议电话设备拆除，数据网设备拆除，卫星通信设备拆除，通信线路拆除；分为16个小节，共68个子目。

二、未包括内容

（1）蓄电池基础槽钢拆除。

（2）防雷、避雷装置拆除。

（3）电缆槽道支吊架拆除。

（4）管道支吊架等铁构件拆除。

（5）OPGW光缆拆除。

（6）微波铁塔及基础拆除。

三、2015版较2010版定额的主要变化

（1）章节数量由上一版的11章减少为1章，所有子目都列在第1章中。

（2）增加了拆除性质的区别，分为保护性拆除和破坏性拆除。

（3）拆除设备配件按涉及拆除配件设备数量计列，不再按配件数量计列，按拆除设备定额乘系数的方式计算。

四、定额使用说明

第1节　光传输设备拆除

1．工作内容

拆除设备、设备标志、接口盘、光纤活接头、架内架间电缆、余物清理、设备搬运等。

2．工程量计算规则

光端机拆除以“套”为计量单位，一个子框及其中包括的所有板卡为一套。

3．定额调整说明

（1）波分复用设备拆除定额子目包括合波器、分波器的拆除。

（2）光线路终端（OLT）拆除套用光端机（SDH）拆除子目。

（3）光功率放大器不论功率大小均执行此子目。

第2节　同步网设备拆除

1．工作内容

拆除设备、机盘、接地线、连接线、设备搬运、余物清理等。

2．工程量计算规则

（1）同步网设备、监控管理设备以“套”为计量单位。

（2）卫星接收机、时钟屏以“台”为计量单位。

第3节　通信电源拆除

1．工作内容

拆除设备、设备标志、连接线、余物清理等。

2．工程量计算规则

48V 阀控式密封铅酸蓄电池以“组”以计量单位，24 节 2V 蓄电池为一组。

3．定额调整说明

蓄电池选型为阀控式密封铅酸蓄电池，其他类型免维护蓄电池均执行此定额。

第4节　微波设备拆除

1．工作内容

拆除设备、设备标志、连接线、设备搬运、天线和天线架的搬运、拆除及吊装，吊装设备的安装、拆除、余物清理等。

2．工程量计算规则

抛物面天线拆除，以“面”为计量单位。

3．定额调整说明

微波天线楼顶上拆除仅指楼顶平面拆除，如在楼顶铁塔上拆除天线则应另外增加相应铁塔上拆除子目。

第5节　电力载波设备拆除

1．工作内容

拆除设备、设备标志、连接线、接地线、余物清理等。

2．定额调整说明

与电力载波设备配套的载波高频通道加工设备、高频电缆拆除套用电气定额相关子目。

第6节　辅助设备拆除

1．工作内容

拆除分配架、机架、走线架、交接箱、连接线、电缆、余物清理等。

2．工程量计算规则

（1）配线架、机架以“架”为计量单位，电缆走线架以“m”为计量单位。

（2）设备电缆以“100m”为计量单位。定额已综合各种规格型号、电缆芯数，使用时不做调整。

第 7 节　程控交换设备拆除

1．工作内容

拆除设备、机架、机盘及电路板、设备标志、连接线、接地线、清洁整理等。

2．工程量计算规则

（1）电话交换设备、电力调度程控交换机以“架”为计量单位。

（2）电力调度录音装置以“套”为计量单位。

3．定额调整说明

不论长途、市话，程控交换设备均执行同一标准。

第 8 节　视频监控设备拆除

1．工作内容

拆除设备、附件、设备标志、连接线、接地线、余物清理等。

2．工程量计算规则

（1）摄像机、视频监控设备以“台”为计量单位。

（2）显示装置以“m^2”为计量单位。

第 9 节　输电线路监控装置拆除

1．工作内容

拆除设备、设备标志、连接线、接地线、余物清理等。

2．工程量计算规则

（1）电源设备以“组”为计量单位，包括铁塔上为在线监测提供电力的所有设备，一基为一组。

（2）数据采集器、集中器以“个”为计量单位。

第 10 节　变电设备监测装置拆除

1．工作内容

拆除设备、设备标志、连接线、接地线、余物清理等。

2．工程量计算规则

（1）信息采集监测装置以“套”为计量单位，包括IED及其连接的所有采集装置。

（2）CAC主机以“套”为计量单位，包括CAC柜及CAC主机的拆除。

（3）智能组件柜以“架”为计量单位，包括IED柜及IED装置，适用于整柜拆除。

第11节　电子围栏拆除

1．工作内容

拆除设备、设备标志、连接线、接地线、余物清理等。

第12节　门禁系统拆除

1．工作内容

拆除设备、设备标志、连接线、接地线、余物清理等。

2．工程量计算规则

读卡器、键盘、电磁锁、门禁控制器以“台”为计量单位。

第13节　会议电话设备拆除

1．工作内容

拆除设备、设备标志、连接线、接地线、余物清理等。

2．工程量计算规则

会议电话设备、会议电视设备以“台”为计量单位。

第14节　数据网设备拆除

1．工作内容

拆除设备、设备标志、接口板、连接线、接地线、余物清理等。

2. 工程量计算规则

（1）路由器、交换机、服务器、防火墙设备以“台”为计量单位。

（2）存储设备以“套”为计量单位。

第15节 卫星通信设备拆除

1. 工作内容

拆除设备、天馈线、连接线、接地线、余物清理等。

2. 工程量计算规则

室外单元、室内单元、监控设备、端站设备以“套”为计量单位。

第16节 通信线路拆除

1. 工作内容

拆除水泥杆、托板、绑线、穿放引线、拆除光缆、塑料保护管、标志、丈量、搬运，沟槽清理、拉出光（电）缆，搬运；余物清理等。

2. 工程量计算规则

（1）架空光（电）缆、ADSS 自承式光缆、管道光缆、架空吊线以“km”为计量单位。

（2）室内通道光缆、揭盖盖板以“100m”为计量单位。

3. 定额调整说明

拆除架空光（电）缆是按平地考虑的，丘陵、水田地形时定额人工、机械乘系数 1.3，市区、山区地形时定额人工、机械乘系数 1.5。

4. 工程案例

【案例 1-1】

某工程拆除 1 套 SDH 设备中的 2 块板卡，拆除 1 套 OLT

设备（破坏性拆除），拆除楼顶铁塔上天线（ϕ2m）楼高 60m，铁塔高 30m。则按如表 1-1 所示方法套用定额。

表 1-1　　设备拆除工程概算表　　金额单位：元

编制依据	项目名称	单位	数量	拆除单价		拆除合价	
				定额基价	其中人工	费用金额	其中人工
CT1-2×0.2	光端机 SDH	套	1	137.88	123.10	137.88	123.1
CT1-2×0.5	光端机 SDH	套	1	344.69	307.75	344.69	307.75
CT1-18	楼顶上（60m 以内）ϕ2m 以下	面	1	2399.84	2009.00	2399.84	2009
CT1-20	铁塔上（60m 以内）ϕ2m 以下	面	1	3174.97	2750.00	3174.97	2750
	小计					6057.38	5189.85

附录A 《电网拆除工程概算定额 第一册 电气工程》勘误

以下勘误是在《电网拆除工程预算定额 第一册 电气工程》（2015 年版）上进行的，但对于册说明、章节说明部分，如《2015 年版电网拆除工程预算定额估价表》中已进行修改的，此处不再一一注明。

1．总说明 五、“本定额是在设备、装置性材料及器材等完整无损，符合质量标准和设计要求，并附有制造厂出厂检验合格证和试验记录的前提下，按电网拆除工程合理的施工组织设计、施工机械配备以及合理的工期、正常的地理气候条件下制定的。”修改为“本定额是按电网拆除工程合理的施工组织设计、施工机械配备以及合理的工期、正常的地理气候条件下制定的。”

2．目录 第一章 1.7 “放油”修改为“放注油”。

3．第 2 页 说明 四、定额使用及调整 “1.干式变压器如果带有保护外罩时，定额人工和机械乘以系数 1.10。”修改为“1.干式变压器拆除按同电压、同容量电力变压器拆除定额乘以系数 0.70。”

4．第 3 页 说明 四、定额使用及调整“6.变压器、高压电抗器的拆除定额中不包含放油工作……”改为“变压器、高压电抗器的拆除定额中不包含放注油工作……”。

5．第 60 页 节名称“1.7 放油”改为“1.7 放注油”，CQ1-34 放油 将定额名称改为“放注油”。

6．第 147 页 说明 四、定额使用及调整 增加“6.35kV 软母线拆除按 110kV 同类型软母线拆除定额乘以系数 0.9。”

7．第 157 页 CQ3-34 至 CQ3-37 200kV（截面积 mm^2 以下） 将定额名称改为“35～220kV（截面积 mm^2 以下）”。

8．第 186 页 删除 CQ5-11 子目

9．第 205 页 说明 三、工程量计算规则“1.铝合金桥架、托盘拆除以‘m’为计量单位，钢制梯架、槽盒及铝合金槽盒拆除以‘t’为计量单位……”修改为“1.铝合金槽盒、托盘拆除以‘m’为计量单位，钢制梯架、槽盒及铝合金桥架拆除以‘t’为计量单位……”

10．第 207 页 CQ6-1 项目名称“铝合金桥架、托盘拆除”修改为“铝合金槽盒、托盘拆除”。

11．第 207 页 CQ6-3 项目名称“铝合金槽盒”修改为“铝合金桥架”。

附录 B 《电网拆除工程预算定额 第二册 输电线路工程》勘误

以下勘误是在《电网拆除工程预算定额 第一册 输电线路工程》（2015 年版）上进行的，但对于册说明、章节说明部分，如《2015 年版电网拆除工程预算定额估价表》中已进行修改的，此处不再一一注明。

1．第 7 页 说明三、1.混凝土杆拆除 2）“工程中如有三联杆组立，可按每根单杆重量套用相应单杆定额乘以系数 2.5。”改为“工程中如有三联杆组立，套用相应单杆定额乘以系数 2.5。”

2．第 20 页 表 3-1 系数调整表修改为：

表 3-1 同塔拆除双回、多回线路工程和邻近有带电线路导线拆除系数调整表

序号	同塔拆除回路数	同时拆除			临近带电线路		
		人工	材料	机械	人工	材料	机械
1	一回路	1.00	1	1.00	1.10	1	1.10
2	二回路	1.75	2	1.75	1.92	2	1.92
3	三回路	2.80	3	2.80	3.08	3	3.08
4	四回路	3.90	4	3.90	4.29	4	4.29

3．第 79 页 说明三改为“非晶式变压器的拆除可套用相应容量杆上油浸式变压器拆除定额。”

4．第 85 页 说明四、5“电缆拆除的长度以电缆设计长度为计算依据”改为“电缆拆除的长度以实际的长度为计算依据。”

5．第 86 页 说明四、7“接地箱拆除定额是按照三相考虑的。若为单相，按照相应定额乘以 0.34 的系数；若为六相，按照相应定额乘以 1.64 的系数。”改为“直线接地箱、经护层保护器接地箱、交叉互联箱拆除定额是按三相考虑的，若为六相，按照相应定额乘以 1.64 的系数。”

编审人员名单

主要编制人

电 气 工 程：俞　敏　周　斌　任鹏亮　周　慧
杨剑勇　窦　磊　杜　英

输电线路工程：刘　强　翟树军　曹　妍　郭金颖
胡晓冬　苟全峰　周晓溪

通 信 工 程：马卫坚　顾　爽　黄义皓　田　涛
何远刚

主要审查人

董士波　陈　飞　李江涛